中国经济植物丛书

湖北重要
能源植物

Important Energy Plants of
Hubei Province

李晓东 昝艳燕 刘艳玲 程中平 编著

华中科技大学出版社
http://www.hustp.com
中国·武汉

内容简介

能源、粮食和生态安全备受世人关注，并且人们试图找到一种既能缓解能源危机又不影响粮食安全，还有利于生态环境建设的途径。非粮柴油能源植物就具有这个优点，它既不与生产粮食争地，又能绿化荒山荒坡，有利于生态环境建设，还可替代传统的化石能源，减少对环境的污染。

本书对筛选出的103种湖北重要木本非粮柴油能源植物，从形态特征、生境分布、含油量及理化性质、利用情况、繁殖与栽培技术、分析与评价等方面分别作了描述，并附上彩色图片，全书内容丰富，科学翔实，图文并茂，具有重要的科学价值和实用价值。

本书可供植物学、林学、农学和生物能源相关领域的研究人员，高等院校相关专业师生，以及生物柴油产业的从业人员参考。

图书在版编目 (CIP) 数据

湖北重要能源植物 / 李晓东等编著 .—武汉 : 华中科技大学出版社，2019.6
ISBN 978-7-5680-4120-1

Ⅰ.①湖…　Ⅱ.①李…　Ⅲ.①生物能源－经济植物－介绍－湖北　Ⅳ.① S56

中国版本图书馆CIP数据核字(2019)第120331号

湖北重要能源植物
Hubei Zhongyao Nengyuan Zhiwu

李晓东　昝艳燕　刘艳玲　程中平　编著

策划编辑：罗　伟　　　　　　　　　　　　　　　　责任编辑：罗　伟
封面设计：刘　婷　　　　　　　　　　　　　　　　责任校对：刘　竣
责任监印：周治超
出版发行：华中科技大学出版社（中国·武汉）　　　电话：(027)81321913
　　　　　武汉市东湖新技术开发区华工科技园　　　邮编：430223
录　　排：华中科技大学惠友文印中心
印　　刷：武汉市金港彩印有限公司
开　　本：787mm×1092mm　1/16
印　　张：14.25
字　　数：352 千字
版　　次：2019 年 6 月第 1 版第 1 次印刷
定　　价：188.00 元

能源植物是人类赖以生存的物质基础，也是能源安全、生态安全和粮食安全的保障。木本非粮能源植物的挖掘利用是解决目前能源危机和保障粮食安全的最好途径。它既不与生产粮食争地，又能替代传统的化石能源，减少对环境的污染。因此，研究木本非粮能源植物的种类、分布、储藏量、利用价值等可为其合理开发利用提供科学依据。

本书作者团队在 2009—2013 年间参加本人主持的国家科技基础性工作专项"非粮柴油能源植物与相关微生物资源的调查、收集与保存"项目，重点对湖北和安徽两省的非粮柴油能源植物进行了深入的调查研究。他们长期穿梭于亚热带的森林中，披荆斩棘、跋山涉水，采集了大量的标本和测试材料，获得了大量的科学数据。本书是以他们的实地考察和实验室检测的数据为基础，并参考前人的研究资料编写而成。本书重点介绍了湖北省非粮能源植物的形态特征、生境分布、含油量及化学组分等，其研究成果对于开展湖北省重要能源植物的研究和资源利用具有重要的指导意义。

全书图文并茂，文字简明扼要，图片清晰，鉴定准确，装帧精美，具有较强的科学性、观赏性和科普性。可以说本书不仅全面收录了湖北省柴油能源植物的种类与分布，同时简要介绍了其丰富的木本非粮柴油能源植物的利用情况，是一本不可多得的融科学性和实用性于一体的学术专著。

是为序。

中国科学院华南植物园研究员、博士生导师

能源、粮食和生态安全备受世人关注，并且人们试图找到一种既能缓解能源危机又不影响粮食安全，还有利于生态环境建设的途径。非粮柴油能源植物就具有这个优点，它既不与生产粮食争地，又能绿化荒山荒坡，有利于生态环境建设，还可替代传统的化石能源，减少对环境的污染。

在科技部国家科技基础性工作专项重点项目——非粮柴油能源植物与相关微生物资源的调查、收集与保存（2008FY110400-1-2）的支持下，我们从 2009 年开始，连续 4 年对湖北各地的非粮柴油能源植物资源进行实地调查、收集，并对其油脂成分进行检测和评价。我们测定了 2009—2012 年采集的 350 种非粮柴油能源植物的油脂理化性质，并对检测数据进行分析。按照林铎清和邢福武（2009）提出的"中国非粮生物柴油能源植物资源的初步评价标准"，即含油量 > 10%、冷凝点（CEPP）< 0℃、三烯酸总含量 < 12% 的参考范围，从 350 个物种中筛选出 103 种（含油量大部分大于 30%）木本非粮柴油能源植物，它们隶属于 37 科 63 属。这些植物大多数生长于坡地、沟谷等荒地，能适应湖北地区的气候和地理条件，因而可作为湖北生物柴油能源植物的候选物种，具有较大的开发应用价值。例如：毛豹皮樟（*Litsea coreana* var. *lanuginosa*）、木姜子（*Litsea pungens*）、山鸡椒（*Litsea cubeba*）、黑壳楠（*Lindera megaphylla*）、红脉钓樟（*Lindera rubronervia*）、山橿（*Lindera reflexa*）、香叶树（*Lindera communis*）、猴樟（*Cinnamomum bodinieri*）、樟（*Cinnamomum camphora*）、黄连木（*Pistacia chinensis*）、仿栗（*Sloanea hemsleyana*）、猴欢喜（*Sloanea sinensis*）、油茶（*Camellia oleifera*）、乌桕（*Triadica sebifera*）、无患子（*Sapindus saponaria*）、漆树（*Toxicodendron vernicifluum*）、胡桃（*Juglans regia*）、白檀（*Symplocos paniculata*）等植物种类。

本书对筛选出的 103 种湖北重要木本非粮柴油能源植物，从形态特征、生境分布、含油量及理化性质、利用情况、繁殖与栽培技术、分析与评价等方面分别作了描述，并附上彩色图片，可供植物学、林学、农学和生物能源相关领域的研究人员，高等院校相关专业师生，以及生物柴油产业的从业人员参考。

在对湖北非粮柴油能源植物资源进行实地调查、收集及其油脂成分进行检测和评价的过程中，团队成员 10 余人先后参与到该项工作中。感谢中国科学院武汉植物园彭俊华研究员和章炎生研究员、陈晓东博士、潘磊博士、蔡郁硕士研究生、张玲玲硕士研究生等在非粮生物柴油能源植物的化学成分测试工作中所付出的辛勤劳动；感谢庐山植物园彭炎松教授和阮俊平老帅提供红脉钓樟（*Lindera rubronervia*）照片，中南林业科技大学喻勋林教授提供绒毛钓樟（*Lindera floribunda*）照片，武汉大学杜巍博士提供狭叶山胡椒（*Lindera angustifolia*）照片；感谢在野外调查和采集中湖北省各县市的林业局、风景区、保护区对我们工作所给予的帮助和支持；感谢中国科学院华南植物园邢福武研究员及其研究团队对此项工作的指导和支持；感谢全球环境基金大神农架地区生物多样性保护和自然资源可持续利用的扩展与改善项目、中国科学院核心植物园物种保育功能领域项目的支持。

木本非粮柴油能源植物所涉及的学科领域众多，加之我们学识粗浅，书中难免有错误之处，殷切希望读者批评指正。

李晓东

中国科学院武汉植物园

目录

野茉莉

Styrax japonicus Siebold & Zuccarini

【形态特征】 落叶灌木或小乔木，树皮暗褐色或灰褐色，平滑；嫩枝稍扁，开始时被淡黄色星状柔毛，以后脱落变为无毛，暗紫色，圆柱形。叶互生，纸质或近革质，椭圆形或长圆状椭圆形至卵状椭圆形，长4～10厘米，宽2～6厘米，顶端急尖或钝渐尖，常稍弯，基部楔形或宽楔形，边近全缘或仅于上半部具锯齿，叶面除叶脉疏被星状柔毛外，其余无毛而稍粗糙，叶背除主脉和侧脉汇合处有白色长髯毛外其余部位无毛，侧脉5～7对，叶脉在叶两面均明显隆起；叶柄长5～10毫米，上面有凹槽，疏被星状短柔毛。总状花序顶生，有花5～8朵，花序长5～8厘米；有时下部的花生于叶腋；花序梗无毛；花白色，长2～3厘米，花梗纤细，开花时下垂，长2.5～3.5厘米，无毛；小苞片线形或线状披针形，长4～5毫米，无毛，易脱落；花萼漏斗状，膜质，无毛，萼齿短而不规则；花冠裂片卵形、倒卵形或椭圆形，两面均被星状细柔毛，花蕾时作覆瓦状排列，花冠管长3～5毫米；花丝扁平，下部联合成管，上部分离。果实卵形，长8～14毫米，直径8～10毫米，果顶端具短尖头，外面密被灰色星状毛，有不规则皱纹；种子褐色，有深皱纹。花期4～7月，果期9～11月。

【生境分布】 产于湖北咸丰、恩施、鹤峰、宣恩、利川、建始、巴东、宜昌、长阳、兴山、神农架、十堰、丹江口、竹溪、谷城、通城、崇阳、英山、罗田、黄陂、武汉。生于海拔1800米以下的山地林中，属阳性树种，生长迅速，喜生于酸性、疏松肥沃、土层较深厚的土壤中。

【含油量及理化性质】 种子含油量为18.3%～48.3%；脂肪酸组成主要为亚油酸52.3%和油酸21.7%，其他为亚麻油酸、棕榈酸和硬脂酸。

【利用情况】 处于野生状态，很少利用；偶见于农家庭院。

【繁殖与栽培技术】 种苗繁育：9月底采集成熟果实，秋播或春播；播种前宜用40℃温水和0.05%赤霉素浸种催芽，条播，次年可出圃造林或用于盆栽。

栽培季节：冬春栽植均可。春季栽植宜在土壤解冻后（3～4月），而冬季栽植宜在土壤结冻前（10～12月）进行。

栽培密度：宜选择海拔1600米以下的背风向阳、土层深厚、土壤肥沃的山窝、山脚作造林地，也可在湿润的荒地、行道、房前屋后进行栽植。可按2米×3米株行距挖穴，穴深0.5米，直径1米左右，每亩约栽植110株。

栽植方法：将农家肥10公斤、磷肥2公斤、氯化钾0.5公斤，与表土拌匀后填入栽植穴底。种苗栽植深度以原来起苗时的深度为准，要求苗根舒展、苗身端正、边栽边踩边提苗，并且栽植后及时浇透水。

抚育管理：新造幼林，1～2年应严禁牲畜践踏。每年结合除草、松土进行追肥2～3次。

【分析与评价】 材质稍坚硬，可作器具、雕刻等细工用材；种子油可作肥皂或机器润滑油，油粕可作肥料；花朵美丽、芳香，可作庭园观赏植物。野茉莉是极具开发前途的食用油料树种，可作用材林或油料林，宜选海拔2000米以下的山地造林，若选地势平坦的荒地造林效益更高，房前屋后也可零星种植，也可作绿化林，在行道、厂区、机关、学校、庭院等地栽培。该树种对土壤要求不严，栽培简单，管理粗放，病虫害极少。

八角枫
Alangium chinense（Loureiro）Harms

【形态特征】 落叶乔木或灌木；小枝略呈"之"字形，幼枝紫绿色，冬芽锥形，生于叶柄的基部内，鳞片细小。叶纸质，近圆形或椭圆形、卵形，顶端短锐尖或钝尖，基部两侧常不对称，一侧微向下扩张，另一侧向上倾斜，阔楔形、截形，稀近于心形，长 13～26 厘米，宽 9～22 厘米，不分裂或 3～9 裂，裂片短锐尖或钝尖，叶面深绿色，无毛，叶背淡绿色，除脉腋有丛状毛外，其余部分近无毛；基出脉 3～7，呈掌状，侧脉 3～5 对；叶柄长 2.5～3.5 厘米，紫绿色或淡黄色，幼时有微柔毛，后无毛。聚伞花序腋生；小苞片线形或披针形，早落；总花梗长 1～1.5 厘米，常分节；花冠圆筒形，长 1～1.5 厘米，花萼长 2～3 毫米，顶端分裂为 5～8 枚齿状萼片；花瓣 6～8，线形，基部黏合，上部开花后反卷，外面有微柔毛，初为白色，后变黄色；雄蕊和花瓣同数而近等长，花丝略扁；花盘近球形；子房 2 室，花柱无毛，疏生短柔毛，柱头头状，常 2～4 裂。核果卵圆形，幼时绿色，成熟后黑色，顶端有宿存的萼齿和花盘，种子 1 颗。花期 5～7 月，果期 7～11 月。

【生境分布】 全省广布。生于海拔 2000 米以下的山地林中，属阳性树种，生长迅速；喜生于酸性、疏松肥沃、土层较深厚的土壤中。

【含油量及理化性质】 种子含油量为 20.7%～30.0%，种皮含油量为 50.6%；脂肪酸组成主要为二十碳烯酸 63.5% 和油酸 18.2%，其他为亚油酸 1.1%、棕榈酸 13.2% 和硬脂酸 3.8%。

【利用情况】 处于野生状态，很少利用。八角枫可药用。

【繁殖与栽培技术】 种子繁殖和分株繁殖。种子繁殖：2～3 月播种，并覆土 1 厘米或用草木灰覆盖，出苗后逐次间苗，保持株距 7～10 厘米。分株繁殖：在冬季或春季挖取老树的分蘖苗栽种。

栽植季节：当苗高 80～90 厘米时，可出圃移栽，宜于冬季落叶后或春季萌发前起苗、带土定植。

栽培密度：宜选择海拔 1600 米以下，土层深厚、肥沃且排水良好的砂质壤土栽植。栽植穴深 0.5 米，直径 1 米左右，株行距为 2 米 ×3 米，每亩约栽 110 株。

栽植方法：将农家肥 10 公斤、磷肥 2 公斤、氯化钾 0.5 公斤，与表土拌匀填入栽植穴底。种苗栽植深度以原来起苗时的深度为准，要求苗根舒展、苗身端正、边栽边踩边提苗，并且栽植后及时浇透水。

抚育管理：种苗移栽定植后，应结合中耕除草，追施厩肥和化学肥料。冬季修剪时除去下垂枝和过密枝。

【分析与评价】 种子和种皮含油量高，可提炼工业油；根和茎可入药，根名白龙须，茎名白龙条，治风湿、跌打损伤、外伤止血等；树皮纤维可编绳索；木材可制家具及天花板。八角枫栽培简单、管理粗放、病虫害极少；宜选海拔 1800 米以下的山地造林，若选地势平坦的荒地造林效益更高，房前屋后也可零星种植，作为庭园或绿地栽培观赏。该树种对土壤要求不严，但喜温暖湿润的环境和肥沃疏松且排水良好的土壤。

山桐子

Idesia polycarpa Maximowicz　　别名：水冬瓜、水冬桐、椅树、椅桐、斗霜红

【形态特征】落叶乔木；树皮淡灰色，不裂；小枝圆柱形，有明显的皮孔，树冠长圆形；冬芽有淡褐色毛，有4～6片锥状鳞片。叶薄革质或厚纸质，卵形或心状卵形，或为宽心形，长13～16厘米，稀达20厘米，宽12～15厘米，先端渐尖或尾状，基部通常心形，边缘有粗锯齿，齿尖有腺体，叶面深绿色，光滑无毛，叶背有白粉，沿脉有疏柔毛，脉腋有丛毛，基部脉腋更多，通常5基出脉；叶柄长6～12厘米，圆柱状，无毛，下部有2～4个紫色、扁平腺体，基部稍膨大。花单性，雌雄异株或杂性，黄绿色，有芳香，排列成顶生下垂的圆锥花序；雄花比雌花稍大；子房上位，圆球形，无毛。成熟浆果紫红色，扁圆形，直径5～7毫米，宽大于长。种子红棕色，圆形。花期5～6月，果期10～11月。

【生境分布】产于湖北宜恩、咸丰、鹤峰、恩施、利川、建始、巴东、宜昌、长阳、兴山、神农架、房县、十堰、保康、通山、罗田。生于海拔400～2500米低山区的山坡、山洼等落叶阔叶林和针阔叶混交林中，通常集中分布于海拔400～900米的山地；喜光，不耐阴，适宜温暖潮润、深厚肥沃、排水良好的生境。

【含油量及理化性质】种子含油量为31.4%，果皮含油量为32.82%；脂肪酸组成主要为亚油酸63.1%，其他为油酸7.8%、棕榈酸17.3%和硬脂酸1.4%。

【利用情况】处于野生状态，很少利用。

【繁殖与栽培技术】种子、扦插和分株繁殖。种子繁殖：3月播种，覆土或用草木灰覆盖，出苗后逐次间苗，保持株距10厘米。扦插繁殖：3～5月采集插条扦插于沙床中，并保持沙床湿润。分株繁殖：在冬季或春季挖取老树的分蘖苗栽种，并于夏季适当遮阴。

栽培季节：当苗高100厘米时，可出圃移栽，宜于冬季落叶后或春季萌发前起苗，带土球定植。

栽培密度：宜选择海拔1000米以下，土层深厚、肥沃且排水良好的砂质壤土栽植为宜。栽植穴深0.5米，直径1米左右，行株距为4米×3米，亩栽种苗50～60株。

栽植方法：将农家肥10公斤、磷肥2公斤、氯化钾0.5公斤，与表土拌匀填入穴底。种苗栽植深度以原来起苗时的深度为准，要求苗根舒展、苗身端正、边栽边踩边提苗，并且栽植后及时浇透水。

抚育管理：移栽定植后，应结合中耕除草，施厩肥和化学肥料。冬季修剪时除去下垂枝和过密枝。

【分析与评价】山桐子为山地营造速生混交林和经济林的优良树种，其果实、种子均含油，可精炼木本食用油，还可提取生物柴油；木材结构细致轻软，可作建筑、家具、器具等用材；花多芳香，有蜜腺，为养蜂业的蜜源资源植物；树形优美，果实长序，结果累累，果色朱红，形似珍珠，风吹袅袅，为山地、园林的观赏树种。山桐子有四大独特优势。一是果实产量高，盛果期长。据调查，山桐子一般栽后5年挂果，初挂果时亩产近200公斤，以后产量逐年提高。10～15年后，山桐子进入盛果期，每株浆果产量为20～30公斤，长势良好的单株产量可达50公斤以上，最高可达150～200公斤。人工栽培的山桐子，盛果期的林地每亩可产浆果1000～2000公斤。如此高的产量，是其他木本油料植物难以企及的。另外，山桐子病虫害少，抗逆性强，适应性广，生长寿命长，产果时间长达70～100年，其中盛果期长达50～60年，这也是其他木本油料植物难以与之相提并论的。二是含油量高，油的品质好。山桐子含油量一般在22%～26%之间，其果实和种子均可榨油，鲜果出油率为15%～23%，干果出油率为26%～47%。由于果实产量高，含油量高，山桐子被赞誉为"树上的油库""中国的橄榄

油"。检测结果显示，山桐子油的理化性质与菜籽油、芝麻油基本相似，不仅可以替代桐油作为工业用油，还可以食用。在四川部分山区，民众食用山桐子油已有上百年历史。更值得称道的是，山桐子油富含对人体健康有益的油酸、亚油酸、亚麻酸等不饱和脂肪酸，其总含量高达82%，其中亚油酸含量更是高达66%，显著高于芝麻油、花生油。科学研究已经证实，不饱和脂肪酸是人体自身不能合成的脂肪酸，必须从日常膳食中补充。经常摄入不饱和脂肪酸，可以降低血清中总胆固醇含量，有效预防和治疗冠心病、高血压等心血管疾病，同时还有降低血脂、预防动脉粥样硬化、抗心律失常、保证胎儿大脑正常发育等作用。另外，山桐子油中维生素 E 含量也明显高于其他食用油。因此，食用山桐子油，对人体具有一定的医疗和保健作用，非常符合现代人对健康饮食的需求。三是材质好，观赏价值高。山桐子不仅是优质、高产的木本油料植物，而且还兼有较高的用材、观赏价值。其树干圆满通直，纹理均匀细致，材质轻软，干缩性小，可加工成上等板材供室内装修和制作家具，或用于生产高档纸浆。同时，山桐子树型高大、优美、叶茂、花繁、果红。尤其是入秋后，一串串红色的浆果挂满树冠，且挂果时间较长，颜色鲜艳夺目，极具观赏价值，特别适合做庭荫树和城市园林观赏树木栽植。此外，研究发现山桐子树木燃烧性很差，叶片具有净化空气能力，可吸收二氧化硫，因此山桐子是一种优良的行道绿化和防火林带造林树种。四是适应性广，水土保持能力强。山桐子既耐低温，也耐高温，而且耐旱、耐瘠薄，对土壤要求不严，在海拔400～2000米的大部分山地均可生长，适合在山区大面积造林。人工种植的山桐子，一般栽植后开始2年内生长较慢，需要精细管理，但自第3年生长开始加快，属速生树种，成林后管护费用较低。山桐子主根不明显，但侧根与须根非常发达，密集成网状，集中分布在20～60厘米的土层深处，对地表水土具有极强的保持能力，因此它是防止水土流失、保护生态环境的优良树种，尤其适合在荒山造林或在退耕还林地种植。

重阳木

Bischofia polycarpa（H.Léveillé）Airy Shaw　**别名：** 茄冬、秋枫

【形态特征】落叶乔木；树皮褐色，厚 6 毫米，纵裂；木材表面槽棱不显；树冠伞形状，大枝斜展，小枝无毛，当年生枝绿色，皮孔明显，灰白色，老枝变褐色，皮孔变锈褐色；芽小，顶端稍尖或钝，具有少数芽鳞；全株均无毛，复叶具 3 片小叶；叶柄长 9 ～ 13.5 厘米；顶生小叶通常较两侧的大，小叶纸质，卵形或椭圆状卵形，有时长圆状卵形，长 5 ～ 9（14）厘米，宽 3 ～ 6（9）厘米，顶端突尖或短渐尖，基部圆或浅心形，边缘具钝细锯齿，齿间距 2.0 ～ 2.5 毫米；顶生小叶柄长 1.5 ～ 4（6）厘米，侧生小叶柄长 3 ～ 14 毫米；托叶小，早落。花雌雄异株，春季与叶同时开放，组成总状花序；花序通常着生于新枝的下部，花序轴纤细而下垂；雄花序长 8 ～ 13 厘米；雌花序 3 ～ 12 厘米。雄花：萼片半圆形，膜质，向外张开；花丝短；有明显的退化雌蕊。雌花：萼片与雄花的相同，有白色膜质的边缘；子房 3 ～ 4 室，每室 2 枚胚珠，花柱 2 ～ 3 裂。果实圆球形或略扁，直径 5 ～ 7 毫米，成熟时红褐色。种子小，长圆形，先端尖，有光泽。花期 4 ～ 5 月，果期 10 ～ 11 月。

【生境分布】产于湖北建始、五峰、巴东、宜昌、阳新、崇阳等县（市），在武汉有栽培。生于低山或平地的林中、沟谷沟边。

【含油量及理化性质】种子含油量为 31%，脂肪酸组成主要有亚麻酸 37.9%、亚油酸 25.9%、油酸 19.6%、棕榈酸 10.2%、硬脂酸 6.4%，其他微量。

【利用情况】木材用于建筑、造船、车辆、家具等领域。果肉可酿酒。种子油可供食用，也可作润滑油和肥皂油。

【繁殖与栽培技术】以种子繁殖为主，并选取处于壮龄的优良单株作为采种母树。果实采种后用水浸泡 6 小时以上，然后搓烂果皮淘洗出种子，晾干后放入布袋内于室内储藏或混沙储藏越冬，沙藏种子要湿藏，覆盖薄膜催芽。2 月播种时，将布袋内的储藏种子置于 45℃左右的温水桶中，浸泡 6 小时以上催芽、播种。苗床按南北向，深挖、碎土，薄施一层钙镁磷肥或者腐熟牲畜肥。苗床土质以肥沃的砂质壤土为宜。

栽培季节：当苗高 80 厘米，地径 1 厘米以上时，生长健壮即可出圃移栽。重阳木幼株需水较多，宜春季萌芽前起苗，随起随栽。

栽培密度：重阳木为阳性速生树种，日照需充足，栽植密度不宜过大，穴植株行距可采用（3 ～ 4）米 ×（4 ～ 6）米。

栽植方法：定植时要做到根部舒展、苗身端正、分层踏实，浇透定根水，然后用细土堆成龟背形以防积水，并在饱满芽上方齐芽平茬。

抚育管理：主干下部易生侧枝，从幼龄期开始注意抹芽和修枝，使其主干通直、圆满，并在一定高度处分枝。生长季 5 ～ 6 月，可混施尿素和复合肥 0.1 ～ 0.2 公斤 / 株，秋季施入腐熟农家肥。定植后前 3 年，每年结合中耕除草 2 ～ 4 次。

【分析与评价】树形优美，冠如伞盖；花色淡绿与叶同时开放，枝繁叶茂，适合园林观赏；枝叶对二氧化硫有一定抗性，适合城市绿化，做行道树种。此外，重阳木有较强的空气污染物转换能力、光合作用

能力以及释放阴离子能力等，容易成功栽植。但就除尘的绝对量而言，叶片仍扮演最重要的角色，其叶片宽大、平展、硬挺，迎风不易抖动，叶面粗糙多茸毛，能吸滞大量的尘埃。经济用途：木材是散孔材，导管管孔小，心材与边材明显且美观，心材鲜红色，边材淡红色，质重而坚韧，结构细而匀，有光泽，木质素含量高，是很好的建筑、造船、车辆、家具等珍贵用材，常替代紫檀木制作贵重木器家具。重阳木全身是宝，其根、叶可入药，能行气活血，消肿解毒；果肉可酿酒；种子含油量较高，油有香味，可供食用，也可作润滑油和肥皂油，同时落叶量大，可培肥增加地力，适合作为能源树种开发。

白背叶

Mallotus apelta（Loureiro）Müller Argoviensis

【形态特征】落叶灌木或小乔木；小枝、叶柄和花序均密被淡黄色星状柔毛和散生橙黄色颗粒状腺体。叶互生，卵形或阔卵形，稀心形，长和宽均为 6～16（25）厘米，顶端急尖或渐尖，基部截平或稍心形，边缘具疏齿，叶面黄绿色或暗绿色，无毛或被疏毛，叶背被灰白色星状绒毛，散生橙黄色颗粒状腺体；基出脉 5 条，最下面一对常不明显，侧脉 6～7 对；基部近叶柄处有褐色斑状腺体 2 个；叶柄长 5～15 厘米。花雌雄异株，雄花序为开展的圆锥花序或穗状，长 15～30 厘米，苞片卵形，长约 1.5 毫米，雄花多朵簇生于苞腋。雄花：花梗长 1～2.5 毫米；花蕾卵形或球形，长约 2.5 毫米，花萼裂片 4，卵形或卵状三角形，长约 3 毫米，外面密生淡黄色星状毛，内面散生颗粒状腺体；雄蕊 50～75 枚，长约 3 毫米；雌花序穗状，长 15～30 厘米，稀有分枝，花序梗长 5～15 厘米，苞片近三角形，长约 2 毫米。雌花：花梗极短；花萼裂片 3～5 枚，卵形或近三角形，长 2.5～3 毫米，外面密生灰白色星状毛和颗粒状腺体；花柱 3～4 枚，长约 3 毫米，基部合生，柱头密生羽毛状突起。蒴果近球形，密生灰白色星状毛的软刺，软刺线形，黄褐色或浅黄色，长 5～10 毫米；种子近球形，直径约 3.5 毫米，褐色或黑色，具皱纹。花期 6～9 月，果期 8～11 月。

【生境分布】产于湖北恩施、宜昌、十堰、秭归、兴山、巴东，武汉有栽培。一般生于海拔 1100 米左右的山坡或山谷灌丛中。

【含油量及理化性质】种子含油量为 36.5%，脂肪酸组成主要为亚油酸 47%、油酸 30.1%、棕榈酸 6.42%、硬脂酸 4.83%，其他微量。

【利用情况】茎皮可供编织。种子油可供制油漆，或作为合成大环香料、杀菌剂、润滑剂等的原料。根、叶可入药。

【繁殖与栽培技术】不管是硬枝还是嫩枝扦插，白背叶的繁殖成活率都较低，因此主要采用种子繁殖。种子经过冬季沙藏后，3 月下旬播种。苗圃地宜选择在阳光充足的地方，3 月中旬翻地、除草、整平，下旬播种，并用一层细土覆盖 3～5 厘米，再加一层遮阳网覆盖，浇水淋透。待出苗后，拆除遮阳网。

【分析与评价】分布广泛，资源丰富，适应性强，为撂荒地的先锋树种。种子含油量高达 36.5%，含 α-粗糠柴酸，可供制油漆，或作为合成大环香料、杀菌剂、润滑剂等的原料，是作为生物柴油开发的理想的新能源植物。茎皮可供编织。根、叶入药，能清热活血，收敛去湿，治跌打损伤。

尼泊尔野桐

Mallotus nepalensis Müller Argoviensis　　别名：野桐

【形态特征】落叶小乔木或灌木，高 2 ～ 4 米，树皮褐色。嫩枝具纵棱，枝、叶柄和花序轴均密被褐色星状毛。叶互生，稀小枝上部有时近对生，纸质，形状多变，卵形、卵圆形、卵状三角形、肾形或横长圆形，长 5 ～ 17 厘米，宽 3 ～ 11 厘米，顶端急尖、凸尖或急渐尖，基部圆形、楔形，稀心形，边全缘，不分裂或上部每侧具 1 裂片或粗齿，叶面无毛，叶背疏被星状粗毛，疏散橙红色腺点；基出脉 3 条；侧脉 5 ～ 7 对，近叶柄具黑色圆形腺体 2 颗；叶柄长 5 ～ 17 毫米。花雌雄异株，雄花序总状或下部常具 3 ～ 5 个分枝，长 8 ～ 20 厘米；苞片钻形，长 3 ～ 4 毫米；每苞片内雄花 3 ～ 5 朵；花蕾球形，顶端急尖；花梗长 3 ～ 5 毫米；花萼裂片 3 ～ 4，卵形，长约 3 毫米，外面密被星状毛和腺点；雄蕊 25 ～ 75 枚，药隔稍宽；雌花序总状，不分枝。雌花序长 8 ～ 15 厘米，开展；苞片披针形，长约 4 毫米；每苞片内雌花 1 朵；花梗长约 1 毫米，密被星状毛；花萼裂片 4 ～ 5，披针形，长 2.5 ～ 3 毫米，顶端急尖，外面密被星状绒毛；子房近球形，三棱状；花柱 3 ～ 4，中部以下合生，柱头长约 4 毫米，具疣状突起和密被星状毛。蒴果近扁球形，钝三棱形，直径 8 ～ 10 毫米，密被有星状毛的软刺和红色腺点；种子近球形，直径约 5 毫米，黑色，具皱纹。花期 7 ～ 11 月，果期 8 ～ 12 月。

【生境分布】产于湖北来凤、咸丰、巴东、长阳、五峰、宜昌、兴山、神农架、房县、崇阳。生于海拔 500 ～ 1800 米的山坡疏林、林缘、灌丛中。

【含油量及理化性质】种子含油量为 30.8%，脂肪酸组成主要为油酸 53.6%、亚油酸 33.3%、棕榈酸 7%、硬脂酸 3.45%，其他微量。

【利用情况】种子油可作工业用油料。树叶可作农家肥。

【繁殖与栽培技术】种子繁殖和扦插繁殖。种子繁殖：每年早春 2 月以前播种，首先采用 5% 草木灰水浸种，再用 45℃ 温水浸种，可以提高发芽率。移栽株行距为 1 米 ×1 米或 1.5 米 ×1.5 米，每亩定植 300 ～ 667 株，第二年就可以隔行采集嫩叶作饲料或沤肥，其余行株专供结实采籽榨油，这既能够充分利用地力又能起到较好的水土保持作用。

【分析与评价】阳性和浅根性树种，萌芽力强，生长很快，二年生树苗高达 1 米，并开始结实，四五年生树苗高达 3 米，冠幅亦达 3 米，枝叶繁茂，果实累累。此外，尼泊尔野桐对土壤的要求不严格，既耐瘠薄，又耐干旱。种子油为干性油，可作工业用油料，能制油漆、肥皂、蜡烛等。树叶易腐烂，可沤制成很好的农家肥；湖南永兴县、隆回县等地农民常谷雨后采集一次嫩叶踩入田中，其肥效很高，每亩尼泊尔野桐林地施入 700 公斤即可。

石岩枫

Mallotus repandus（Willdenow）Müller Argoviensis

【形态特征】落叶藤本或攀缘灌木；嫩枝、叶柄、花序和花梗均密生黄色星状柔毛；老枝无毛，常有皮孔。叶互生，纸质或膜质，卵形或椭圆状卵形，长 3.5～8 厘米，宽 2.5～5 厘米，顶端急尖或渐尖，基部楔形或圆形，边全缘或波状，嫩叶两面均被星状柔毛，叶背的叶脉腋部被毛和散生黄色颗粒状腺体；基出脉 3 条，有时稍离基，侧脉 4～5 对；叶柄长 2～6 厘米。花雌雄异株，总状花序或下部有分枝；雄花序顶生，稀腋生，长 5～15 厘米；苞片钻状，长约 2 毫米，密生星状毛，苞腋有花 2～5 朵；花梗长约 4 毫米。雄花：花萼裂片 3～4，卵状长圆形，长约 3 毫米，外面被绒毛；雄蕊 40～75 枚，花丝长约 2 毫米，花药长圆形，药隔狭。雌花序顶生，长 5～8 厘米，苞片长三角形。雌花：花梗长约 3 毫米；花萼裂片 5，卵状披针形，长约 3.5 毫米，外面被绒毛，具颗粒状腺体；花柱 2（3）枚，柱头长约 3 毫米，被星状毛，密生羽毛状突起。蒴果具 2（3）个分果爿，直径约 1 厘米，被黄色绒毛；种子近球形，直径约 5 毫米，黑色，微有光泽。花期 5～6 月，果期 7～9 月。

【生境分布】产于湖北咸丰、宣恩、利川、巴东、宜昌、兴山、神农架、房县、通山，武汉有栽培。生于海拔 1800 米以下的山坡林中或山坡灌丛中。

【含油量及理化性质】种子含油量为 31%，脂肪酸组成主要是亚油酸 88.1%、油酸 7.71%、棕榈酸 1.75%，其他微量。

【利用情况】处于野生状态。

【繁殖与栽培技术】播种繁殖。

【分析与评价】分布广泛，资源丰富，适应性强，为撂荒地的先锋树种。

乌桕

Triadica sebifera（Linnaeus）Small

【形态特征】落叶乔木，高可达 15 米。树皮暗灰色，有纵裂纹，具皮孔。叶互生，纸质，叶片菱形、菱状卵形或稀有菱状倒卵形，长 3～8 厘米，宽 3～9 厘米，顶端骤然紧缩，具长短不等的尖头，基部阔楔形或钝，全缘；中脉两面微凸起，侧脉 6～10 对，纤细，斜上升，离缘 2～5 毫米弯拱网结，网状脉明显；叶柄纤细，长 2.5～6 厘米，顶端具 2 个腺体；托叶顶端钝，长约 1 毫米。花单性，雌雄同株，聚集成顶生、长 6～12 厘米的总状花序，雌花通常生于花序轴最下部或罕有在雌花下部有少数雄花着生，雄花生于花序轴上部或有时整个花序全为雄花。雄花：花梗纤细，长 1～3 毫米，向上渐粗；苞片阔卵形，长和宽近相等，约 2 毫米，顶端略尖，基部两侧各具一近肾形的腺体，每一苞片内具 10～15 朵花；小苞片 3，不等大，边缘撕裂状；花萼杯状，3 浅裂，裂片钝，具不规则的细齿；雄蕊 2 枚，罕有 3 枚，伸出于花萼之外，花丝分离，与球状花药近等长。雌花：花梗粗壮，长 3～3.5 毫米；苞片深 3 裂，裂片渐尖，基部两侧的腺体与雄花的相同，每一苞片内仅 1 朵雌花，间有 1 朵雌花和数朵雄花同聚生于苞腋内；花萼 3 深裂，裂片卵形至披针形，顶端短尖至渐尖；子房卵球形，平滑，3 室，花柱 3，基部合生，柱头外卷。蒴果梨状球形，成熟时黑色，直径 1～1.5 厘米。具 3 颗种子，分果爿脱落后而中轴宿存；种子扁球形，黑色，长约 8 毫米，宽 6～7 毫米，外被白色、蜡质的假种皮。花期 5～6 月，果期 7～11 月。

【生境分布】产于湖北各地，以罗田、英山、麻城、红安、浠水、蕲春、宜都、巴东等县（市）集中。喜生于低山丘陵坡地或溪边及村旁湿地。

【含油量及理化性质】种子含油量为 38.4%，脂肪酸组成主要是油酸 78.7%、棕榈酸 11.9%、硬脂酸 5.6%、亚麻酸 2.7%，其他微量。

【利用情况】园林观赏。种子油适于制涂料。种子外被白色蜡质，可制肥皂、蜡烛。

【繁殖与栽培技术】种子繁殖，也可嫁接、埋根繁殖。种子繁殖：应选择树龄在 20 年以上，立地条件良好、生长旺盛、树干通直、无病虫害、结实量大、采光较好的优良单株作为采种母树。通常在 11 月中旬，当 70%～80% 果实完全裂开、露出种子时为最佳采种期。种子采收后，去除杂质及劣质种子，再摊晾于干燥的室内阴干。2～3 月播种。

栽培季节：宜在春季 4～5 月进行，萌芽前和萌芽后都可栽植，若在萌芽时移栽，其成活率相对较低。

栽培密度：3～4 年生、高约 1 米、胸径达 6 厘米左右的幼苗可出圃移栽。株行距按照 2 米 ×3 米挖定植穴。

栽植方法：移栽时须带土球，土球直径 35～50 厘米。栽植时要坚持大塘浅栽，挖 1 米 ×1 米 ×1 米的大塘，并清除塘内建筑渣土等杂物后，在塘底部施入腐熟的有机肥，回填入好土，再放入苗木，栽植深度掌握在表层覆土距苗木根际处 5～10 厘米。栽植后搭支撑架，浇一次透水，3 天后再浇一次水，以后视天气情况和土壤墒情确定浇水次数，一般 10 天左右浇一次水。乌桕喜水喜肥，生长期如遇干旱，要及时浇水，否则生长不良。

抚育管理：修剪措施主要是抹芽和摘除新梢。自主干开始出现分枝时起，就抹去腋芽或摘除抽发的侧枝新梢，一个生长周期需修剪 2～3 次，目的是抑制侧枝产生和生长，促进主干新梢的顶端生长优势，促进生长。定植后 2 ～ 3 年内，要加强抚育管理。常见虫害主要有樗蚕、刺蛾、大蓑蛾等，其幼虫危害树叶和嫩枝，要注意及时防治。

【分析与评价】种子外被白色蜡质，称"皮油"或"柏蜡"，溶解后可制肥皂、蜡烛；种子油适宜制涂料，可涂油纸、油伞等，为重要的工业油料树种；秋色叶色彩斑斓，极具园林观赏价值，在湖北省大悟县乌桕种植历史悠久。木材白色，坚硬致密，纹理细致，不翘不裂，可供制家具、农具等用；叶可制黑色染料，可染衣物；根皮可治毒蛇咬伤。

山乌桕
Triadica cochinchinensis Loureiro

【形态特征】 落叶乔木或灌木，高3～12米。各部均无毛，小枝灰褐色，有皮孔。叶互生，纸质，嫩时呈淡红色，叶片椭圆形或长卵形，长4～10厘米，宽2.5～5厘米，顶端钝或短渐尖，基部短狭或楔形，背面近缘常有数个圆形的腺体；中脉在两面均凸起，以背面尤著，侧脉纤细，8～12对，互生或有时近对生，略呈弧状上升，离缘1～2毫米弯拱网结，网脉很柔弱，通常明显；叶柄纤细，长2～7.5厘米，顶端具2个毗连的腺体；托叶小，近卵形，长约1毫米，易脱落。花单性，雌雄同株，密集成长4～9厘米的顶生总状花序，雌花生于花序轴下部，雄花生于花序轴上部或有时整个花序全为雄花。雄花：花梗丝状，长1～3毫米；苞片卵形，长约1.5毫米，宽近1毫米，顶端锐尖，基部两侧各具一长圆形或肾形，长约2毫米宽近1毫米的腺体，每一苞片内有5～7朵花；小苞片小，狭，长1～1.2毫米；花萼杯状，具不整齐的裂齿；雄蕊2枚，少有3枚，花丝短，花药球形。雌花：花梗粗壮，圆柱形，长约5毫米；苞片几与雄花的相似，每一苞片内仅有1朵花；花萼3，深裂，几达基部，裂片三角形，长1.8～2毫米，宽约1.2毫米，顶端短尖，边缘有疏细齿；子房卵形，3室，花柱粗壮，柱头3，外反。蒴果黑色，球形，直径1～1.5厘米，分果爿脱落后而中轴宿存，种子近球形，长4～5毫米，直径3～4毫米，外被蜡质的假种皮。花期4～6月，果期7～9月。

【生境分布】 产于湖北房县、神农架，武汉有栽培。生于海拔约1000米的山坡路旁或山谷林中。

【含油量及理化性质】 种子含油量达44.1%，脂肪酸组成主要是棕榈酸24.9%、油酸27.7%、亚麻酸20.6%，其他为亚油酸19.5%、硬脂酸2%。

【利用情况】 叶、根皮和树皮均可药用，在广西民间广泛用于治疗毒蛇咬伤、跌打肿痛、过敏性皮炎、湿疹。种子油可制肥皂、火柴及茶叶容器。

【繁殖与栽培技术】 种子繁殖：山乌桕果熟期为10月，当果皮呈黑褐色、干裂，露出固着于中轴上洁白的种子时即可采收。采收的果实经去杂、晾晒1～2天后，装入木桶或布袋中置于通风干燥室内储藏。山乌桕种子外被蜡质假种皮，播种前要脱蜡，一般先用60～80℃热水浸泡，自然冷却后再用冷水浸种3天，取出种子除去蜡皮，晾干后即可播种。另外，也可快速去除蜡皮：每10～20公斤种子，加入用1公斤生石灰配制的石灰水，再加少许洗衣粉浸泡7～8小时，然后用清水洗干净装入竹筐，放在活水或池塘里浸泡24小时后晾干播种。山乌桕以2～3月播种为宜，每亩播种量5～8公斤，播种后2～3个月幼苗出土；通常采用条播，行距20～25厘米。整地和田间管理与常规育苗相同，栽培过程中常见的病虫害有小地老虎和毒蛾。

【分析与评价】 本种为阳性树种，喜光及深厚温润的土壤。山乌桕生长快，并且具有药用价值、经济价值，是适合开发的新能源植物。同时，它是乔木，可用做遮阴树；秋冬季红叶满树，也可作为庭院观赏树种。

油桐

Vernicia fordii（Hemsley）Airy Shaw　别名：光桐、三年桐

【形态特征】落叶乔木，高达 10 米；树皮灰色，近光滑；枝条粗壮，无毛，具明显皮孔。叶卵圆形，长 8 ～ 18 厘米，宽 6 ～ 15 厘米，顶端短尖，基部截平至浅心形，全缘，稀 1 ～ 3 浅裂，嫩叶上面被很快脱落的微柔毛，下面被渐脱落的棕褐色微柔毛，成长叶上面深绿色，无毛，下面灰绿色，被贴伏微柔毛；掌状脉 5（7）条；叶柄与叶片近等长，几无毛，顶端有 2 枚扁平、无柄腺体。花雌雄同株，先叶或与叶同时开放；花萼长约 1 厘米，2（3）裂，外面密被棕褐色微柔毛；花瓣白色，有淡红色脉纹，倒卵形，长 2 ～ 3 厘米，宽 1 ～ 1.5 厘米，顶端圆形，基部爪状。雄花：雄蕊 8 ～ 12 枚，2 轮；外轮离生，内轮花丝中部以下合生。雌花：子房密被柔毛，3 ～ 5（8）室，每室有 1 颗胚珠，花柱与子房室同数，2 裂。核果近球状，直径 4 ～ 6（8）厘米，果皮光滑；种子 3 ～ 4（8）颗，种皮木质。花期 3 ～ 4 月，果期 8 ～ 9 月。

【生境分布】产于湖北各地，以宣恩、宜昌、襄阳等地区较多。生于海拔 1000 米以下的低山坡或沟边，多为栽培。油桐为阳性树种，喜光，喜温暖气候，不耐寒，在土层深厚、排水良好的中性或微酸性土壤上生长最好。

【含油量及理化性质】种子含油量高达 50.2%，脂肪酸组成主要是油酸 68.7%、亚油酸 24.5%、棕榈酸 3.34%，其他微量。

【利用情况】木本植物油料植物。根、叶、花、果均可入药。木材可供建筑和制作家具。叶可饲养白蜡虫。果壳可制作活性炭。

【繁殖与栽培技术】种子繁殖：10 ～ 11 月果实完全成熟后采收。采收的果实集中堆沤 15 ～ 20 天，使果皮软化后，用人工或机械剥取籽粒，阴干，混沙储藏或干藏，于翌年春季进行播种。播种前湿沙层积或温水浸种催芽；条播，行距 20 ～ 30 厘米，株距 10 厘米左右，每亩用种量 50 ～ 60 公斤，覆土 3 ～ 4 厘米，30 天左右种子发芽出土。当 1 年生幼苗高 80 ～ 100 厘米时即可出圃造林，宜在 2 月中下旬移栽，株行距为 4 米 ×4.5 米，每亩栽植 30 ～ 40 株；采取定点挖穴的方式定植造林，每穴底施入腐熟的土杂肥 10 ～ 15 公斤，上覆表土后将油桐根部和茎部放入穴中，并使种苗根系自然舒展，再将细土填入穴中；将苗稍稍用力提起，再将其他土放入，一边填一边踩实，填完后浇水。

抚育管理：第 1 ～ 2 年，每年 5 ～ 6 月和 8 月各中耕除草一次，同时注意扶苗培土、间苗补植和施肥；第 3 年抚育一次即可。在幼树期，每年的 4 ～ 6 月和 7 ～ 9 月各进行一次松土除草，5 月下旬可株施尿素 100 克，7 月中旬株施尿素 150 克，幼林的生长以氮肥为主，另辅以少量的磷肥和钾肥。幼树的整形修剪一般在生长季节进行，4 年生以上的油桐林为成林，成林抚育管理的目标是维护营养生长和生殖生长的平衡，实现丰产、稳产、优质。成林抚育中，施肥很重要，需在冬季或早春沟施基肥。施入方法是在油桐树基的周围挖沟，将基肥埋入沟中；当缺少某种元素时，可在生长季节进行叶面喷施。成林树的修剪一般于冬季或休眠期进行，主要剪去弱枝、干枯枝、病虫枝、过密枝、交叉枝和重叠枝，使成林通风透光，增强对病虫害的抵抗能力。

病虫害防治：油桐常见的主要病害是根腐病和黑斑病。根腐病是由镰刀菌侵染油桐根部引起，病株根部

腐烂，逐渐导致全株枯死。防治方法：①发现病害时，及时把病株挖掉烧毁，控制病源，并用石灰消毒病土；②深翻土壤，注意避免积水；③化学防治时，可用 70% 敌克松粉剂 700 倍液浇灌病株。油桐黑斑病，又称角斑病，发病后引起落叶、落果，可降低油桐产量和籽仁出油率。黑斑病在 8～10 月较为严重，防治方法有：①及时清除病叶、病果，集中烧毁或深埋土中；②每年 3～4 月、6～7 月果实生长期各喷洒 1:1:100 的波尔多液 2 次，预防效果较明显；③加强油桐林的抚育管理，提高抗病能力。

【分析与评价】木本植物油料植物，种子含油量达 50.2%，其桐油在工业及医药领域用途很广；根、叶、花、果均可入药，有消肿杀虫之功效；木材可供建筑和制作家具，不易生虫；叶可饲养白蜡虫；果壳可制作活性炭；果壳烧灰称桐碱，可用来洗濯衣物；油桐有良好的耐贫瘠能力，可以广植于荒地，使土地资源得到充分的利用；油桐是非粮能源植物，不与作物争地且适应性强，是值得大规模推广的能源植物，油桐产业发展潜力巨大，目前，桐油已能被成功转化为生物柴油，随着化石能源的消耗与枯竭，桐油产业将随着生物柴油的广泛应用而蓬勃发展。

木油桐

Vernicia montana Loureiro 别名：千年桐

【形态特征】落叶乔木，高达 20 米。枝条无毛，散生突起皮孔。叶阔卵形，长 8 ～ 20 厘米，宽 6 ～ 18 厘米，顶端短尖至渐尖，基部心形至截平，全缘或 2 ～ 5 裂。裂缺常有杯状腺体，两面初被短柔毛，成长叶仅下面基部沿脉被短柔毛，掌状脉 5 条；叶柄长 7 ～ 17 厘米，无毛，顶端有 2 枚具柄的杯状腺体。花序生于当年生已发叶的枝条上，雌雄异株或有时同株异序；花萼无毛，长约 1 厘米，2 ～ 3 裂；花瓣白色或基部紫红色且有紫红色脉纹，倒卵形，长 2 ～ 3 厘米，基部爪状。雄花：雄蕊 8 ～ 10 枚，外轮离生，内轮花丝下半部合生，花丝被毛。雌花：子房密被棕褐色柔毛，3 室，花柱 3 枚，2 深裂。核果卵球状，直径 3 ～ 5 厘米，具 3 条纵棱，棱间有粗疏网状皱纹，有种子 3 颗，种子扁球状，种皮厚，有疣突。花期 4 ～ 5 月，果期 8 ～ 9 月。

【生境分布】产于湖北通山、崇阳等县，武汉有栽培，能正常结实。多生于海拔 500 米以下丘陵地区阳光充足的地方。

【含油量及理化性质】种子含油量达 50.3%，脂肪酸组成主要是亚油酸 45.04%、油酸 31.65%、棕榈酸 11.8%、硬脂酸 8%，其他微量。

【利用情况】栽培和野生均有。种子油供制肥皂和油漆用。在湖北地区基本还处于野生状态，开发利用甚少。

【繁殖与栽培技术】种子繁殖：秋季核果成熟后采收，晾干储藏，注意防腐。翌春播种，间距 30 厘米，苗床注意排水，防止渍烂，3 月即可出苗。结合中耕除草，追施农肥，促进生长，1 年生种苗可高达 1 米以上，当年不分枝。第二年早春萌芽前移植，间距 1 米左右，剪去主根，通过促进须根生长来提高成苗移栽成活率。对二年生苗木，注意修剪整形，剪去低矮侧枝，培育伞形树冠，高度可达 2 米以上，胸径可达 4 厘米。第三年春季，木油桐种苗即可开花，也可出圃。

栽植注意事项：木油桐适宜亚热带温暖地区，喜光，光照弱时枝干纤细，叶小而薄，开花少。成树较难移植，可带土球于早春萌芽前进行。适宜生长在酸性、微酸性土壤中（pH 5.5 ～ 6.5），土层深厚、湿润肥沃有利于生长。通过对武汉栽培的木油桐观察记载，发现当其树干达到一定高度后，树枝较脆，枯枝遇大风易折落；秋季落叶后需及时修剪，剪除枯枝、病枝，培养结果枝及优美树冠，增加观赏性。

【分析与评价】木油桐树姿优美，花朵大而美丽，粉白色，观赏性极强。生长迅速，耐高温，耐贫瘠土壤，病虫害少，适合庭园、公园和风景区孤植或与其他常绿树种搭配栽植。木材淡红褐色，结构较粗，树皮可提制栲胶。种子含油量达 50.3%，种子榨油后的油渣即为桐油饼，是很好的有机肥料，种子油供制肥皂和油漆用。果壳可制活性炭。

猴欢喜
Sloanea sinensis（Hance）Hemsley

【形态特征】常绿乔木，高 20 米；嫩枝无毛。叶薄革质，形状及大小多变，通常为长圆形或狭窄倒卵形，长 6～9 厘米，最长达 12 厘米，宽 3～5 厘米，先端短急尖，基部楔形，或收窄而略圆，有时为圆形，亦有为披针形的，宽 2～3 厘米，通常全缘，有时上半部有数个疏锯齿，上面干后暗晦无光泽，下面无毛，侧脉 5～7 对；叶柄长 1～4 厘米，无毛。花多朵簇生于枝顶叶腋；花柄长 3～6 厘米，被灰色毛；萼片 4 片，阔卵形，长 6～8 毫米，两侧被柔毛；花瓣 4 片，长 7～9 毫米，白色，外侧有微毛，先端撕裂，有齿刻；雄蕊与花瓣等长，花药长为花丝的 3 倍；子房被毛，卵形，长 4～5 毫米，花柱连合，长 4～6 毫米，下半部有微毛。蒴果大小不一，宽 2～5 厘米，3～7 片裂开；果爿长短不一，长 2～3.5 厘米，厚 3～5 毫米；针刺长 1～1.5 厘米；内果皮紫红色；种子长 1～1.3 厘米，黑色，有光泽，假种皮黄色。花期 9～11 月，果翌年 6～7 月成熟。

【生境分布】产于湖北宣恩、利川等地。生于海拔 800 米以下的低山林中。武汉有栽培，可正常结实。

【含油量及理化性质】种子含油量达 49.5%，脂肪酸组成主要是油酸 41.5%、亚油酸 25.58%、棕榈酸 22.9%、豆蔻酸 3.26%，其他微量。

【利用情况】木材可用于建筑、桥梁、家居、胶合板等领域。树皮和果壳可制栲胶。种子油具有很好的开发价值。树形美观，可作庭园观赏树。

【繁殖与栽培技术】种子繁殖：10 月中下旬，当木质蒴果刺毛转为紫红色，且先端开始微裂时，即予采收。采种母树应选择 20～30 年生，树形端正，无病虫害的健康植株。果实采收后应堆沤 7 天，然后摊于通风处，待蒴果开裂后取出种子，用干搓法除去种皮，再用湿沙储藏。猴欢喜幼苗期喜阴耐湿，应尽可能选择日照时间短，水分充足，排灌方便，疏松肥沃湿润的土壤作为圃地。秋末冬初时进行全面深翻，清除杂草、石块等杂物，施足基肥。

猴欢喜对林地的立地条件要求不甚严格。由于其幼年期喜欢阴湿，宜选择土层深厚，排水良好的中性或酸性黄土壤、红壤的山坡和山谷作为造林地。秋冬季炼山整地，1～2 月选择阴雨天造林。为提高造林的成活率，栽植时适当剪去苗木部分叶片，并严格做到苗正，舒根，深栽，打紧；林冠下造林成活率很高，若与马尾松等其他树种混交造林效果更好，还可作为培育绿化大苗兼用材林经营。猴欢喜幼林阶段，每年中耕除草 2 次，待林木出现分化后，可陆续挖取部分苗木用于园林绿化；混交林则视林木生长的具体情况，如必要时对影响其生长的邻近苗木先期伐除。

【分析与评价】木材具有光泽美丽、强韧硬重、耐水湿、材质优良、纹理通直、结构细密、质地轻软、硬度适中、容易加工、干燥后不易变形、色泽艳丽、花纹美观等特点，可作建筑、桥梁、家居、胶合板等良才，同时也是栽培香菇的优良原料；树皮和果壳含鞣质，可提制栲胶；种子含油量高，可作为非粮柴油植物开发利用。猴欢喜是以观果为主，观叶与观花为辅的常绿观赏树种，对立地条件要求不严，生长较快，树形美观，四季常青，尤其红色蒴果外被长而密的紫红色刺毛，近似板栗的具刺壳斗，在绿叶背景的衬托下，颜色鲜艳，满树红果，生机盎然，非常可爱；当果实开裂后，露出具有黄色假种皮的种子，更增添了色彩美；园林中可以孤植、丛植、片植，亦可与其他树种混植。

仿栗

Sloanea hemsleyana（T. Itô）Rehder & E. H. Wilson

【形态特征】 常绿乔木，高 25 米；顶芽有黄褐色柔毛；嫩枝秃净无毛，老枝干后呈暗褐色，有皮孔。叶簇生于枝顶，薄革质，形状多变，通常为狭窄倒卵形或倒披针形，有时为卵形，长 10 ～ 15 厘米，最长达 20 厘米，宽 3 ～ 5 厘米，最宽达 7 厘米，先端急尖，有时渐尖，基部收窄而钝，有时为微心形，上面绿色，干后稍发亮，无毛，下面浅绿色，无毛，偶在脉腋内有毛束，侧脉 7 ～ 9 对，基部 1 对常较纤弱，边缘有不规则钝齿，有时为波状钝齿；叶柄长 1 ～ 2.5 厘米，最长达 3.5 厘米，秃净无毛。花生于枝顶，多朵排成总状花序，花序轴及花柄有柔毛；萼片 4 片，卵形，长 6 ～ 7 毫米，两面有柔毛；花瓣白色，与萼片等长，或稍超出，先端有撕裂状齿刻，被微毛；雄蕊与花瓣等长，花药长 5 毫米，先端有长 1.5 毫米的芒刺；子房被褐色茸毛，花柱突出于雄蕊之上，长 5 ～ 6 毫米。蒴果木质，4 ～ 5 爿裂开，稀为 3 或 6 爿，果爿长 2.5 ～ 5 厘米，厚 3 ～ 5 毫米；内果皮紫红色或黄褐色；针刺长 1 ～ 2 厘米；果柄长 2.5 ～ 6 厘米，通常粗壮；种子黑褐色，发亮，长 1.2 ～ 1.5 厘米，下半部有黄褐色假种皮。花期 7 月，果期 11 月。

【生境分布】 产于湖北宣恩、鹤峰、利川、巴东、五峰、神农架、竹山。生于海拔 600 ～ 1000 米山谷沟边林中。武汉有栽培，长势良好。

【含油量及理化性质】 种子含油量达 51%，脂肪酸组成主要是油酸 45.7%、亚油酸 23.6%、棕榈酸 15.5%，其他微量。

【利用情况】 种子油可食用，假种皮提炼油供制油漆用。观赏树种。

【繁殖与栽培技术】 播种繁殖，种子不耐储藏，宜随采随播。栽培方法与猴欢喜相似，可参照其幼苗培育及造林管理养护技术实施。

【分析与评价】 仿栗对林地的立地条件要求不甚严格，生长较快，观赏性强，适宜作用材树种和园林景观树种；种子含油量高，可作食用油，也可作为非粮柴油植物开发利用；假种皮提炼油供制油漆用。

杜仲
Eucommia ulmoides Oliver

【形态特征】落叶乔木，高达20米。树皮灰褐色，粗糙，内含橡胶，折断拉开有多数细丝。嫩枝具黄褐色毛，不久变秃净，老枝有明显的皮孔。芽体卵圆形，外面发亮，红褐色，有鳞片6～8片，边缘有微毛。叶椭圆形、卵形或矩圆形，薄革质，长6～15厘米，宽3.5～6.5厘米；基部圆形或阔楔形，先端渐尖；叶面暗绿色，初时有褐色柔毛，不久变秃净，老叶略有皱纹，叶背淡绿，初时有褐毛，以后仅在叶脉上有毛；侧脉6～9对，与网脉均在上面下陷，下面稍突起；边缘有锯齿；叶柄长1～2厘米，上面有槽，被散生长毛。花生于当年枝基部，雄花无花被；花梗长约3毫米，无毛；苞片倒卵状匙形，长6～8毫米，顶端圆形，边缘有睫毛，早落；雄蕊长约1厘米，无毛，花丝长约1毫米，药隔突出，花粉囊细长，无退化雌蕊。雌花单生，苞片倒卵形，花梗长8毫米，子房无毛，1室，扁而长，先端2裂，子房柄极短。翅果扁平，长椭圆形，棕褐色，翅革质，长3～3.5厘米，先端2裂，基部楔形，周围具薄翅；种子1粒。花期4～5月，果期9～11月。

【生境分布】产于湖北恩施、建始、巴东、利川、鹤峰、房县、神农架、咸宁，生于低山。武汉有栽培。

【含油量及理化性质】种子含油量达32.3%，脂肪酸组成主要是亚麻酸41.9%、油酸40.9%、亚油酸15.9%、棕榈酸4.5%、硬脂酸2.15%，其他微量。

【利用情况】树皮药用。叶、种子、树皮含硬橡胶。木材宜做家具和建筑材料。种子可榨油。

【繁殖与栽培技术】种子繁殖、扦插繁殖、压条繁殖、嫁接繁殖。种子繁殖：冬季11～12月采新鲜、饱满、黄褐色有光泽的种子；采种后应将种子进行层积处理，种子与湿沙的比例为1:10，或于播种前，用20℃温水浸种2～3天，每天换水1～2次，待种子膨胀后取出，稍晒干表面水分后播种，可提高发芽率，一般暖地宜冬播，寒地可秋播或春播，以满足种子萌发所需的低温条件。条播，行距20～25厘米，每亩用种量8～10公斤；播种后覆草，保持土壤湿润，以利于种子萌发；幼苗出土后，于阴天揭除覆盖物；每亩可产苗木3万～4万株。扦插繁殖：分为枝条扦插和根插。枝条扦插宜在春夏之交，取一年生嫩枝，剪成5～6厘米长的插条；扦插时入土深2～3厘米，土温在21～25℃条件下，15～30天即可生根。根插繁殖是在苗木出圃时，修剪苗根，取径粗1～2厘米的根，剪成10～15厘米长的分段；扦插时，粗的一端微露地表，断面下方可萌发新梢，成苗率可达95%以上。压条繁殖：春季，选强壮枝条压入土中，深15厘米，待萌蘖抽生高达7～10厘米时，培土压实；经15～30天，萌蘖基部可发生新根；深秋或翌春将萌蘖苗挖起，即可定植。嫁接繁殖：用二年生苗作砧木，选优良母本树上一年生枝作接穗，于早春切接于砧木上，成活率可达90%以上。

栽培季节：杜仲1～2年生苗高达1米以上时，可于落叶后至翌春萌芽前定植。

抚育管理：幼树生长缓慢，宜加强抚育，每年春夏应结合中耕除草施肥。秋天或翌春，及时除去基生枝条，剪去交叉枝、过密枝。对成年树也应酌情追肥。北方地区8月停止施肥，避免树体生长过旺而降低抗寒性。

【分析与评价】杜仲为中国特有植物，其全身是宝，被称为"植物黄金"。干燥的树皮就是名贵的中药材杜仲，是名贵滋补良药，治风湿筋骨痛及高血压，在《神农本草经》中被列为上品。杜仲茶是以杜仲初春芽叶为原料，经专业加工而成的一种茶疗珍品，是中国名贵保健药材，具有降血压、强筋骨、补肝肾的功效，同时对降脂、降糖、减肥、通便排毒、促进睡眠效果明显。叶、种子、树皮含硬橡胶，其绝缘性强，耐腐蚀，在工业上有重要用途。木材宜做家具、舟、车，也可做建筑材料。种子含油量达 32.3%。

胡桃

Juglans regia Linnaeus　　别名：核桃

【形态特征】落叶乔木。树皮幼时为灰绿色，老时则为灰白色而纵向浅裂；小枝无毛，具光泽，被盾状着生的腺体，灰绿色，后来带褐色。奇数羽状复叶长25～30厘米，叶柄及叶轴幼时被有极短腺毛及腺体；小叶通常5～9枚，稀3枚，椭圆状卵形至长椭圆形，长6～15厘米，宽3～6厘米，顶端钝圆或急尖、短渐尖，基部歪斜、近于圆形，边缘全缘或在幼树上者具稀疏细锯齿，上面深绿色，无毛，下面淡绿色，侧脉11～15对，腋内具簇短柔毛，侧生小叶具极短的小叶柄或近无柄，生于下端者较小，顶生小叶常具长3～6厘米的小叶柄。雄性葇荑花序下垂，长5～10厘米，稀达15厘米。雄花的苞片、小苞片及花被片均被腺毛；雄蕊6～30枚，花药黄色，无毛。雌性穗状花序通常具1～3（4）朵雌花。雌花的总苞被极短腺毛，柱头浅绿色。果序短，杞俯垂，具1～3个果实；果实近球状，直径4～6厘米，无毛；果核稍具皱曲，有2条纵棱，顶端具短尖头；隔膜较薄，内里无空隙；内果皮壁内具不规则的空隙或无空隙而仅具皱曲。花期5月，果期10月。

【生境分布】产于湖北咸丰、宣恩、利川、恩施、建始、鹤峰、巴东、秭归、兴山等地，栽培或沦为野生。生于海拔300～1800米的山坡、路边、河谷，土层深厚、排水良好的地方。耐干冷，不耐湿热；喜光，耐寒，抗旱、抗病能力强。

【含油量及理化性质】种子含油量高达68%，碘值150，皂化值190，脂肪酸组成主要是亚麻酸10.8%、油酸15.5%、亚油酸65.2%、棕榈酸4.5%、硬脂酸4%，其他微量。

【利用情况】核桃果实供食用及榨油，是人们常食用的坚果之一。木材可供制枪托、航空器材、雕刻木材及上等家具用。

【繁殖与栽培技术】以嫁接繁殖为主，砧木为核桃或核桃楸的1～2年生实生苗。将种子沙藏层积60天以上，待开春时取出播种。条播行距30～40厘米，株距12～15厘米，覆土5厘米左右。播种时将种子的缝合线与地面垂直，以利于胚根和芽顺利生长。枝接适宜时间在立春至雨水之间，以树液开始流动、砧木顶芽已萌动时为最好。芽接适宜时间在春分前后，即砧木开始抽梢而顶芽展叶之前，树皮容易剥离时较为适宜。嫁接后接口和接穗均套塑料袋并用潮湿木屑包扎保温，嫁接成活率达95%以上。采用核桃子叶苗嫁接时，选择即将展出真叶的种子幼芽，在子叶柄上1厘米处剪去砧芽劈接，然后放在愈合池或简易温棚内养护，成活后移植田间。核桃子叶苗嫁接成活率达80%以上，可缩短育苗时间。

栽培季节：春季栽植宜在3月上中旬至苗木发芽前进行，秋季宜在10月下旬落叶后进行。选用嫁接壮苗，实行密植栽培，株行距2米×3米或3米×4米，定植后第二年即可结果，4～5年进入丰产期。核桃为雌雄同株异花果树，且同一植株上雌花与雄花一般不同时开放，因此选择的授粉品种花期应与主栽品种同期。主栽品种与授粉品种按3:1或5:1配置，分别成行栽植。

栽植方法：大穴栽植。挖深80厘米、直径100厘米的圆形穴，底部用腐熟的有机肥30～50公斤与表土混匀回填；栽植苗木后定干70～80厘米，树盘覆盖地膜保水，以利于成活。

抚育管理：需要及时锄草松土，每年锄草3～4次，中耕深度10～15厘米。幼树施肥遵循薄肥勤施的原则。核桃休眠期有伤流现象，不宜在休眠期进行修剪，以秋季修剪最为适宜。核桃树的顶端优势特别明显，顶芽发育比侧芽充实肥大，树冠明显，以采用疏散分层树形为宜。结果树的修剪宜在采果后10月前后进行，注意培养良好的结果枝组，主要是疏除树冠内密集的细弱枝、重叠枝、病虫枝，调整骨干枝，不断复壮更新，保持均衡树势。

核桃树为雌雄同株异花果树，雄花数量很大，需要消耗大量树体营养和水分，因此在生产上，常疏除过多的雄花，以供给雌花发育和开花结果，从而提高产量和品质。

核桃树的常见病虫害有白粉病、褐斑病、黑斑病和桃柱螟，需加强防治。

【分析与评价】 核桃营养丰富，有"长寿果""养生之宝"的美誉，为世界著名的"四大干果"之一。随着科学技术的发展和人类生活水平的提高，人们对核桃核仁、果皮（青）、种壳、枝条、花序、花粉的药用价值认识和开发利用均取得新的进展，呈现出了核桃综合开发利用的广阔前景，如相继开发加工的核桃油、核桃乳、核桃乳酸、核桃粉、复合蛋白饮料（核桃花生乳、核桃红枣复合饮料、莲子核桃复合蛋白饮料、高营养核桃混合快餐粉）、风味核桃制品等。核桃花主要是指其雄花序，据不完全统计雄花产量与果实产量相当，有些产区将雄花序当菜肴，有的地方则用作饲料。核桃叶富含黄酮类物质。核桃是很好的油料树种，油可食用。木材坚韧、不易翘裂，可供制枪托、航空器材、雕刻木材及上等家具用。综上，核桃具有很高的生态效益、经济效益和社会效益。

胡桃楸
Juglans mandshurica Maximowicz　别名：野核桃

【形态特征】　落叶乔木或有时呈灌木状，髓心薄片状分隔。奇数羽状复叶，近对生，无柄，卵状矩圆形或长卵形，边缘有细锯齿，两面均有星状毛，叶柄、叶轴、中脉和侧脉亦有腺毛。雄葇荑花序，长可达 18～25 厘米，花序轴有疏毛；雄花被腺毛，雄蕊约 13 枚，花药黄色，长约 1 毫米，有毛，药隔稍伸出。雌性花序直立，生于当年生枝顶端，花序轴密生棕褐色毛，初时长 2.5 厘米，后来伸长达 8～15 厘米，雌花排列成穗状。雌花密生棕褐色腺毛，子房卵形，长约 2 毫米，花柱短，柱头 2 深裂。果序常具 6～10（13）个果或因雌花不孕而仅有少数，但轴上有花着生的痕迹；果实卵形或卵圆状，长 3～4.5（6）厘米，外果皮密被腺毛，顶端尖，核卵状或阔卵状，顶端尖，内果皮坚硬，有 6～8 条纵向棱脊，棱脊之间有不规则排列的尖锐刺状凸起和凹陷，果仁小。花期 4～5 月，果期 8～10 月。

【生境分布】　产于湖北咸丰、宣恩、恩施、建始、鹤峰、巴东、长阳、兴山、丹江口、通山、罗田，生于海拔 450～1800 米的沟边或杂木林内。

【含油量及理化性质】　种子含油量达 68.6%，脂肪酸组成主要是亚麻酸 7.6%、油酸 13.4%、亚油酸 74.5%、棕榈酸 2.8%、硬脂酸 1.3%，其他微量。

【利用情况】　果实供食用，种子可榨油。木材可作各种家具。树皮和外果皮含鞣质，可作栲胶原料；内果皮可制活性炭；树皮的韧皮纤维可作纤维工业原料。

【繁殖与栽培技术】　可进行种子繁殖和嫁接繁殖，因种子繁殖较慢，一般采用嫁接繁殖。种子繁殖：种子秋播或经沙藏后春播，沙藏时间需 60～90 天。若种子干藏后春播，则在播种前需用温水浸种 5～7 天，每天换水 1 次，以促进果壳裂口，种子吸胀，提高出苗率。嫁接繁殖能较好地保持优良品种性状，胡桃楸嫁接以春季枝接（皮下接或劈接）为主，适宜时间为砧木萌芽后至展叶期 10 天左右，但接穗应提前剪取，并保湿储存于 0～5℃ 的低温环境中。若芽接，可在 7～9 月进行，多采用方块芽接法。枝皮内单宁较多，易形成接口的隔离层，故嫁接操作应规范、熟练、迅速，有利于提高嫁接成活率。

胡桃楸是喜光性树种，进入结果期后，更需要充足的光照。树形一般修剪成疏散分层形或自然开心形两种。幼树修剪主要对干扰树形的一些枝条进行处理，成年大树修剪时，要及时疏除外围过密枝、下垂枝，并改造培养占空间较大的辅养枝，以改进树冠内的通风透光条件。

成年树根深叶茂，对肥水的需求量大。每年落叶后深翻一次，扩大树盘，同时施入基肥，生长期间则在雨后深刨和翻压杂草。追肥分别在发芽前、落花后及硬核期进行并及时进行灌溉，以充分发挥肥效。胡桃楸对干旱比较敏感，缺乏水源的地区可覆盖保墒，但雨季需排除田间积水。在春梢停长后到秋梢停长前要注意控水，以控制新梢后期的生长。

病虫害防治：嫁接后，金龟子等害虫便开始取食接穗刚要萌动的芽，可用 2.5% 溴氰菊酯 2500 倍液喷雾防治。嫁接成活后，蚜虫危害新梢嫩叶，可用 10% 吡虫啉 2000 倍液喷雾防治。刺蛾、潜叶蛾和毛虫等害虫取食叶片，可用 5% 氯氰菊酯 2000 倍液喷雾防治。

胡桃楸常见病害主要有褐斑病、黑茎病、白粉病等，可用 50% 多菌灵 800 倍液兑 80% 代森锰锌

1000 倍液防治褐斑病、白粉病，用 72% 甲霜灵 1000 倍液兑 80% 代森锰锌 1000 倍液防治黑茎病。

【分析与评价】核桃楸果实营养丰富，可供食用，但种仁不易脱出；种子可榨油，可食用，亦可制肥皂，作润滑油。野核桃花主要是指其雄花序，据不完全统计雄花产量与果实产量相当，有些产区将雄花序当菜肴，有的地方则用作饲料；叶片富含黄酮类物质，具有一定的抗氧化性。木材坚实，经久不裂，可制各种家具，也可制枪托及各种器具。树皮和外果皮含鞣质，可作栲胶原料；内果皮厚，可制活性炭；树皮的韧皮纤维可作纤维工业原料。

华榛
Corylus chinensis Franchet　别名：山白果（湖北）

【形态特征】落叶乔木；树皮灰褐色，纵裂；枝条灰褐色，无毛；小枝褐色，密被长柔毛和刺状腺体，很少无毛无腺体，基部通常密被淡黄色长柔毛。叶椭圆形、宽椭圆形或宽卵形，长 8～18 厘米，宽 6～12 厘米，顶端骤尖至短尾状，基部心形，两侧显著不对称，边缘具不规则的钝锯齿，叶面无毛，叶背沿脉疏被淡黄色长柔毛，有时具刺状腺体，侧脉 7～11 对；叶柄长 1～2.5 厘米，密被淡黄色长柔毛及刺状腺体。雄花序 2～8 枚排成总状，长 2～5 厘米；苞鳞三角形，锐尖，顶端具 1 枚易脱落的刺状腺体。果 2～6 个簇生成头状，长 2～6 厘米，直径 1～2.5 厘米；果苞管状，于果的上部缢缩，较果长 2 倍，外面具纵肋，疏被长柔毛及刺状腺体，很少无毛和无腺体，上部深裂，具 3～5 枚镰状披针形的裂片，裂片通常又分叉成小裂片。坚果球形，长 1～2 厘米，无毛。花期 4～5 月，果期 9～10 月。

【生境分布】产于湖北利川、宜昌、神农架。生于海拔 2000～3500 米的湿润山坡林中或山沟边。喜温暖湿润的气候，及深厚、中性或偏酸性的土壤。

【含油量及理化性质】种子含油量达 46.1%，脂肪酸组成主要是油酸 69.5%、亚油酸 16%、棕榈酸 9%、硬脂酸 4.4%，其他微量。

【利用情况】坚果供食用，种子油可食用，木材供建筑和制作家具用。

【繁殖与栽培技术】种子繁殖：选择丰产优质、无病虫害的盛果期植株作为母树，9～10 月当总苞成熟但尚未开裂时采收，并置于通风阴凉处自然晾干，脱苞。播种前种子需进行低温（0～5℃）沙藏处理 60～90 天；或早春在流水中浸泡 7～10 天，再用湿沙层积 1 个月即可播种。春、秋两季均可播种，并覆土 3～4 cm，半个月后即可出苗。光照是影响华榛生长发育的主要因子，其林地西坡向植株的保存率较高，阳坡植株的保存率高于阴坡，低密度林分植株的保存率高于高密度林分。华榛苗木易被牛羊采食，主干被采食后易形成丛生性萌条，严重影响树干及树冠生长，幼林抚育应特别加以防范，并针对受损的多萌条植株及时采取除萌促干措施，促进树干及树冠生长。华榛造林易成林，可根据培育目标选择栽培措施，如作恢复森林植被、培育用材或材果兼用的主要树种推广造林等。

栽培季节：春季，选择高度 80 厘米、地径 0.8 厘米以上的 1 年生苗木栽植造林。

栽培密度：穴垦整地，栽植穴规格 40 厘米 ×40 厘米 ×30 厘米，初植密度 1900～2500 株 / 公顷。

抚育方法：定植后，每年夏季全面割灌除草 1 次，连续抚育 3 年。

【分析与评价】华榛为中国特有的珍稀树种，是榛属中罕见的大乔木，其木材为暗红褐色，具光泽，结构细，纹理直，质坚韧，心材边材无明显差别，供建筑、家具及人造板用；种子可食，含油量达 50%，具有很高的营养及药用价值，可作保健品或食用油开发。华榛的种子形似栗子，外壳坚硬，果仁肥白而圆，有香气，含油脂量很大，吃起来特别香美，余味绵绵，成为受人们欢迎的坚果类食品，果仁中除含有蛋白质、脂肪、糖类外，胡萝卜素、维生素 B$_1$、维生素 B$_2$、维生素 E 含量也很丰富；种子中含有人体所需的 8 种氨基酸，且其含量远远高过核桃；种子中各种微量元素如钙、磷、铁含量也高于其他坚果。华榛为中国原产榛属植物中主要的乔木型榛子，无根蘖发生，是培育乔木状单干树形榛树品种及无根蘖砧木的良好亲本材料。华榛树体高大，树干通直，纹理致密，结构细，质坚韧，可供建筑和做家具、农具与胶合板用，为优良果材兼用树种。华榛适应范围广，是公路护坡等环境恶劣地块的绿化首选用苗。华榛生长快，抗污染能力强。其叶长革质，表面有华榛蜡质层，对有害气体如二氧化硫、氯化氢、氟化物及汽车尾气等光化学烟雾有较强抗性；对粉尘的吸滞能力强，净化空气效果好。华榛较易培育，管理粗放，根系发达，吸收力强，在石灰性土壤、酸性及中性土壤中均能正常生长。

草珊瑚

Sarcandra glabra (Thunberg) Nakai　　别名：肿节香

【形态特征】常绿半灌木；茎与枝均有膨大的节。叶革质，椭圆形、卵形至卵状披针形，长 6～17 厘米，宽 2～6 厘米，顶端渐尖，基部尖或楔形，边缘具粗锐锯齿，齿尖有一腺体，两面均无毛；叶柄长 0.5～1.5 厘米，基部合生成鞘状；托叶钻形。穗状花序顶生，通常分枝，多少成圆锥花序状，连总花梗长 1.5～4 厘米；苞片三角形；花黄绿色；雄蕊 1 枚，肉质，棒状至圆柱状，花药 2 室，生于药隔上部之两侧，侧向或有时内向；子房球形或卵形，无花柱，柱头近头状。核果球形，直径 3～4 毫米，熟时亮红色。花期 6～7 月，果期 8～11 月。

【生境分布】产于湖北来凤、咸丰、利川、巴东等地，武汉有栽培。生于海拔 400～800 米的沟边林下，性喜土壤腐殖层较厚的林下。

【含油量及理化性质】种子含油量达 49.5%，脂肪酸组成主要是亚油酸 64.65%、油酸 16.75%、棕榈酸 13.77%、硬脂酸 3.64%，其他微量。

【利用情况】全株供药用。

【繁殖与栽培技术】种子繁殖和扦插繁殖均可，但多用扦插繁殖。种子繁殖：11～12 月种子完全成熟后采摘，然后用沙拌匀并置于室内储存；2～3 月播种，约 20 天出苗。扦插繁殖：3～4 月选取健壮的 1～2 年生枝条，剪取含 2～3 节、长 10～15 厘米的扦穗进行扦插；一般 1 个月左右开始生根，成活率高。种子苗和扦插苗，可于当年 11～12 月或翌春 2～3 月起苗移栽。按株行距 20 厘米 ×30 厘米定植，并即时浇透定根水。成活后，要加强田间管理，及时清除杂草；适时松土，保持土壤疏松；生长旺盛期保持土壤湿润，忌积水或旱裂，冬季要控水；每年春季和夏季各追肥一次，冬季结合培土施入农家肥。草珊瑚耐阴性强，喜散射光，适宜生长在高大乔木林下。如果夏季无适度遮蔽，会出现叶片灼伤，叶片发黄，失去光泽等现象。通过中国科学院武汉植物园多年栽培观察，发现草珊瑚抗病虫害能力强，到目前为止，尚未发现危害较重的病虫害。

【分析与评价】全株供药用，能清热解毒、祛风活血、消肿止痛、抗菌消炎。主治流行性感冒、流行性乙型脑炎、肺炎、阑尾炎、盆腔炎、跌打损伤、风湿关节痛、闭经、创口感染、菌痢等。近年来还用以治疗胰腺癌、胃癌、直肠癌、肝癌、食管癌等恶性肿瘤，有缓解、缩小肿块，延长寿命，改善自觉症状等功效，无副作用。四季常绿，果实初冬时节，鲜艳亮丽，可在园林景观中作观果植物，也适宜庭园、花径栽培。

交让木

Daphniphyllum macropodum Miquel　　别名：水青红树、女儿红、青叶子树

【形态特征】常绿灌木或小乔木，高3～10米；小枝粗壮，暗褐色，具圆形大叶痕。叶革质，长圆形至倒披针形，长14～25厘米，宽3～6.5厘米，先端渐尖，顶端具细尖头，基部楔形至阔楔形，叶面具光泽，干后叶表面绿色，叶背面淡绿色，无乳突体，有时略被白粉，侧脉纤细而密，12～18对，两面清晰；叶柄紫红色，粗壮，长3～6厘米。雄花序长5～7厘米，雄花花梗长约0.5厘米，花萼不育，雄蕊8～10枚，花药长为宽的2倍，约2毫米，花丝短，长约1毫米，背部压扁，具短尖头；雌花序长4.5～8厘米，花梗长3～5毫米，花萼不育，子房基部具大小不等的不育雄蕊10枚，子房卵形，长约2毫米，被白粉，花柱极短，柱头2，外弯，扩展。果椭圆形，长约10毫米，直径5～6毫米，先端具宿存柱头，基部圆形，暗褐色，有时被白粉，具疣状皱褶，果梗长10～15厘米，纤细。花期3～5月，果期8～10月。

【生境分布】产于湖北咸丰、宣恩、利川、恩施、鹤峰、建始、长阳、兴山、房县。生于海拔1000～1700米的山谷沟边林中或灌丛中。

【含油量及理化性质】种子含油量为31.4%，脂肪酸组成主要是油酸81.35%、亚油酸15.3%、棕榈酸1.5%、硬脂酸0.6%，其他微量。

【利用情况】处于野生状态，少有栽培。叶及种子可供药用。

【繁殖与栽培技术】种子繁殖。首先要进行种子处理，主要是去除果肉，洗出种子，并清除病粒、瘪粒以及杂质等，阴干（种皮干燥即可），再用800倍多菌灵药液浸泡15分钟。其次是准备湿沙，要用新的河沙，以减少病菌数量；河沙颗粒最好稍粗一些，沙粒大小为1毫米左右，有利于通气和排水，最好也用多菌灵药液浸泡处理；沙子的含水量以用手握紧沙子但手指缝不滴水，手松开后沙子成团而不散开为宜。最后，根据种子的数量选用合适的容器进行沙藏，种子量大时也可选择坑藏，将种子和湿沙子成层（层积）或混合在一起，装入容器或坑中。坑藏时，在干燥、阴面、排水良好处挖坑，要留有通风孔道，并且坑底要在地下水位之上，坑的四周还要挖排水沟，以防雨水灌入使种子腐烂；然后在坑底铺粗沙或小石子，以利于排水；此外，在离地面20厘米时覆盖湿沙后再覆土，使之高于周围地面。若采用容器沙藏，须保证通风良好或留有通风孔；无论是容器沙藏还是坑藏，储藏期间都要经常检查种子情况，若发现有种子霉变，或种子的温度高、湿度大时，要做出及时处理，以防造成更大的损失；如在储藏期间有种子萌发，则要及时选出、播种。

【分析与评价】叶及种子可供药用，治疗毒红肿；种子可供榨油；其树形优美，可作为观赏树种植于庭前及草坪上。

虎皮楠
Daphniphyllum oldhamii（Hemsley）K. Rosenthal

【形态特征】 常绿乔木或小乔木，也有灌木；小枝纤细，暗褐色。叶薄革质，披针形、倒卵状披针形、长圆形或长圆状披针形，长9～14厘米，宽2.5～4厘米，最宽处常在叶的上部，先端急尖或渐尖或短尾尖，基部楔形或钝，边缘反卷，叶面暗绿色，具光泽，叶背通常显著被白粉，具细小乳突体，侧脉纤细，8～15对，两面突起，网脉在叶面明显突起；叶柄长2～3.5厘米，纤细，上面具槽。雄花序长2～4厘米，较短；花梗长约5毫米，纤细；花萼小，不整齐4～6裂，三角状卵形，长0.5～1毫米，具细齿；雄蕊7～10，花药卵形，长约2毫米，花丝极短，长约0.5毫米；雌花序长4～6厘米，序轴及总梗纤细；花梗长4～7毫米，纤细；萼片4～6，披针形，具齿；子房长卵形，长约1.5毫米，被白粉，柱头2，叉开，外弯或拳卷。果椭圆形或倒卵圆形，长约8毫米，直径约6毫米，暗褐色至黑色，具不明显疣状突起，先端具宿存柱头，基部无宿存萼片或多少残存。花期3～5月，果期7～11月。

【生境分布】 产于湖北来凤、鹤峰、利川、长阳、神农架、通山。生于海拔600～2300米的山坡路旁及山林中。

【含油量及理化性质】 种子含油量为21.9%～31.7%，脂肪酸组成主要是亚麻酸37.9%、棕榈油酸12.3%、棕榈油酸49.7%，其他微量。

【利用情况】 观赏树种。种子榨油供制皂。鲜叶药用。

【繁殖与栽培技术】 种子繁殖，春播。首先，对种子进行预处理来打破休眠，即将种子在低温条件（0～5℃）下混沙层积60天左右；然后置床，就是在发芽盒中先装入约1/2盒高的干净河沙，将种子

均匀地平铺在上面，再覆一层沙，并置入 20 ～ 25℃的发芽箱中；每隔 1 ～ 2 天浇水 1 次，保持发芽床湿润，并适当打开发芽盒盖，保证透气良好。种子苗移栽时，宜选择砂质壤土，且排水良好；全日照、半日照的光照条件均可。成年树难移植，需先做断根处理。生长稍缓慢，春季应略做整枝处理。

【分析与评价】 树形美观，常绿，可作绿化和观赏树种；种子榨油供制皂和工业用；鲜叶药用有清热解毒、活血散瘀的功效，可主治感冒发热，咽喉肿痛，脾脏肿大，毒蛇咬伤，骨折创伤等。

臭椿

Ailanthus altissima（Miller）Swingle

【形态特征】落叶乔木，树皮平滑而有直纹；嫩枝有髓，幼时被黄色或黄褐色柔毛，后脱落。奇数羽状复叶，长 40～60 厘米，叶柄长 7～13 厘米，有小叶 13～27 片；小叶对生或近对生，纸质，卵状披针形，长 7～13 厘米，宽 2.5～4 厘米，先端长渐尖，基部偏斜，截形或稍圆，两侧各具 1 或 2 个粗锯齿，齿背有腺体 1 个，叶面深绿色，背面灰绿色，揉碎后具臭味。圆锥花序长 10～30 厘米；花淡绿色，花梗长 1～2.5 毫米；萼片 5，覆瓦状排列，裂片长 0.5～1 毫米；花瓣 5，长 2～2.5 毫米，基部两侧被硬粗毛；雄蕊 10，花丝基部密被硬粗毛，雄花花丝长于花瓣，雌花花丝短于花瓣；花药长圆形，长约 1 毫米；心皮 5，花柱黏合，柱头 5 裂。翅果长椭圆形，长 3～4.5 厘米，宽 1～1.2 厘米；种子位于翅的中间，扁圆形。花期 6～7 月，果期 9～10 月。

【生境分布】产于湖北罗田、崇阳、神农架、武汉。多生于低海拔地区，垂直分布范围为海拔 100～2000 米。臭椿为阳性树种，喜生于向阳山坡或灌丛中，在房前屋后多栽培；为深根性乔木，耐寒，耐旱，不耐水湿，长期积水会烂根死亡。

【含油量及理化性质】种子含油量为 32.9%，脂肪酸组成主要是油酸 32.67%、亚油酸 55.30%、棕榈酸 3.51%、硬脂酸 1.76%，其他微量。

【利用情况】观赏树和行道树；树皮、根皮、果实均可入药。茎皮纤维可制人造棉和绳索；叶可饲椿蚕；种子油为半干性油。

【繁殖与栽培技术】种子繁殖或根蘗苗分株繁殖。播种育苗容易，以春季播种为宜，通常用低床或育苗床。种子干粒重为 28～32 克，每亩播种量需 3～5 公斤。种子经干藏储存 1 年后，发芽率可保持在 70% 左右。种子繁殖时，常于早春采用条播育苗。先用 40℃ 温水浸种 24 小时，然后捞出放置在温暖向阳处混沙催芽，温度为 20～25℃，夜间覆草帘保温，当种子有 1/3 裂嘴（约 10 天）即可播种。行距 25～30 厘米，覆土 1～1.5 厘米，略镇压，每亩播种量 5 公斤左右。4～5 天幼苗开始出土，每米留苗 8～10 株，每亩留苗量 1.2 万～1.6 万株，当年生苗高可达 60～100 厘米。育苗过程中，最好移植一次，截断主根，促进侧须根生长。臭椿的根蘗性很强，也可采用分根、分蘖等方法繁殖。栽植造林多在春季，一般在苗木上部壮芽膨胀成球状时移栽定植；在干旱多风地区也可截干造林；立地条件较好的阴坡或半阴坡也可直播造林。

栽培管理：对土壤要求不严，但在重黏土和积水区生长不良。耐微碱，pH 值的适宜范围为 5.5～8.2。臭椿在石灰岩地区生长良好，可作为石灰岩地区的造林树种。冬春两季均可栽植，春季栽植易早，在苗干上部壮芽膨大呈球状时栽植成活率最高；栽植时要做到穴大、深栽、踩实、少露头。一般采用壮苗或 3～5 年生幼树栽植，栽后及时浇水，确保成活。

【分析与评价】臭椿树干通直高大，春季嫩叶为紫红色，是良好的观赏树和行道树。树皮、根皮、果实均可入药，有清热利湿、收敛止痢等功效。种子含油量为 32.9% 左右，为半干性油，油渣可作肥料。茎皮纤维可制人造棉和绳索，叶可饲椿蚕，浸出液可作土农药。

苦树

Picrasma quassioides（D. Don）Bennett　别名：苦楝树、小苦楝

【形态特征】 落叶乔木；树皮紫褐色，平滑，有灰色斑纹，全株有苦味。叶互生，奇数羽状复叶，长15～30厘米；小叶9～15，卵状披针形或广卵形，边缘具不整齐的粗锯齿，先端渐尖，基部楔形，除顶生叶外，其余小叶基部均不对称，叶面无毛，背面仅幼时沿中脉和侧脉有柔毛，后变无毛；落叶后留有明显的半圆形或圆形叶痕；托叶披针形，早落。花雌雄异株，组成腋生复聚伞花序，花序轴密被黄褐色微柔毛；萼片小，通常5，偶4，卵形或长卵形，外面被黄褐色微柔毛，覆瓦状排列；花瓣与萼片同数，卵形或阔卵形，两面中脉附近有微柔毛；雄花雄蕊长为花瓣的2倍，与萼片对生，雌花雄蕊短于花瓣；花盘4～5裂；心皮2～5，分离，每个心皮有1粒胚珠。核果成熟后蓝绿色，长6～8毫米，宽5～7毫米，种皮薄，萼宿存。花期4～5月，果期6～10月。

【生境分布】 产于湖北咸丰、宣恩、鹤峰、利川、恩施、建始、巴东、长阳、宜昌、兴山、神农架、竹溪、房县、通山。生于海拔1800米以下的山坡阳处。

【含油量及理化性质】 种仁含油量达50.9%，脂肪酸组成主要是亚麻酸2.91%、油酸83.68%、亚油酸5.94%、棕榈酸3.1%、硬脂酸2.78%，其他微量。

【利用情况】 根皮药用和做杀虫农药。

【繁殖与栽培技术】 种子繁殖： 8～9月种子完全成熟后采摘，然后用湿沙拌匀并置于室内排水良好的地方储存；2～3月播种，20天左右出苗。

【分析与评价】 树皮及根皮极苦，含苦楝树甙（quassin C22H3006）与苦木胺（picrasmin C22H3006），为苦树中的苦味质，有毒，入药能泻湿热、杀虫治疗，亦为园艺上著名农药，多用于驱除蔬菜害虫。根、茎：苦，寒，可清热燥湿，解毒，杀虫，用于痢疾，吐泻，胆道感染，蛔虫病，疮疡、疥癣，湿疹，烧、烫伤。种仁含油量达50.9%，是很有潜力的非粮柴油能源植物。花雌雄异株，在栽种时要注意雌雄株比例。木材稍硬，心材黄色，边材黄白色，刨削后具光泽，供制器材。

香椿
Toona sinensis（A. Jussieu）M. Roemer

【形态特征】 落叶乔木，雌雄异株。树皮粗糙，深褐色，片状脱落。叶痕扁圆形，有 5 个维管束痕，皮孔少而明显；叶具长柄，偶数羽状复叶，长 30 ～ 50 厘米或更长，有特殊香气；小叶 8 ～ 10 对，对生或互生，纸质，卵状披针形或卵状长椭圆形，长 9 ～ 15 厘米，宽 2.5 ～ 4 厘米，先端尾尖，基部一侧圆形，另一侧楔形，不对称，边全缘或有疏离的小锯齿，两面均无毛，无斑点，背面常呈粉绿色，侧脉每边 18 ～ 24 条，平展，与中脉几成直角开出，背面略凸起；小叶柄长 5 ～ 10 毫米。圆锥花序与叶等长或更长，被稀疏的锈色短柔毛或有时近无毛，小聚伞花序生于短的小枝上，多花；花长 4 ～ 5 毫米，具短花梗；花萼 5 齿裂或浅波状，外面被柔毛，且有睫毛；花瓣 5，白色，长圆形，先端钝，长 4 ～ 5 毫米，宽 2 ～ 3 毫米，无毛；雄蕊 10，其中 5 枚能育，5 枚退化；花盘无毛，近念珠状；子房圆锥形，有 5 条细沟纹，无毛，每室有胚珠 8 颗，花柱比子房长，柱头盘状。蒴果狭椭圆形，长 2 ～ 3.5 厘米，深褐色，有小而苍白色的皮孔，果瓣薄；种子基部通常钝，上端有膜质的长翅，下端无翅。花期 6 ～ 7 月，果期 9 ～ 11 月。

【生境分布】 产于湖北利川、鹤峰、巴东、兴山、神农架、罗田、崇阳、武汉等地。生于海拔 1900 米以下的山坡及村旁，也有栽培。

【含油量及理化性质】 种子含油量为 32.3%，脂肪酸组成主要是亚麻酸 22.3%、油酸 10.6%、亚油酸 55.7%、棕榈酸 7.7%、硬脂酸 3.6%，其他微量。

【利用情况】 香椿为园林绿化树种。椿芽食用。树皮及果实入药。

【繁殖与栽培技术】 种子繁殖和分株繁殖（也称根蘗繁殖）。播种育苗：种子发芽率较低，常于 3 月上中旬将种子浸泡在 30 ～ 35℃温水中 24 小时，然后捞起放到干净的苇席上，置于 25℃条件下催芽，当有 30% 种子萌芽时即可播种；出苗后，待长至 4 ～ 5 片真叶时定苗，行株距为 25 厘米 ×15 厘米。分株繁殖：可在早春挖取成株根部幼苗，栽植在苗地中，次年当苗高至 2 米左右，再行定植；也可采用断根分蘗方法，即于冬末春初，在成树周围挖 60 厘米深的圆形沟，切断部分侧根，而后将沟填平，由于香椿根部易生不定根，因此断根先端萌发新苗，次年即可移栽。移栽后喷施新高脂膜，可有效防止地上水分蒸发，使苗体水分不蒸腾，隔绝病虫害，缩短缓苗期。

【分析与评价】 香椿为园林绿化树种，适宜在园林绿化中做行道树和庭园栽培。春季其嫩叶可作菜食，味道极香，营养丰富，并具有食疗作用，椿芽品种不同，其特征与特性也不同。紫香椿一般树冠都比较开阔，树皮灰褐色，芽孢紫褐色，初出幼芽紫红色，有光泽，香味浓，纤维少，含油脂较多；绿香椿树冠直立，树皮青色或绿褐色，香味稍淡，含油脂较少。种子榨油可作工业用油。树皮及果实入药，有收敛止血、去湿止痛之效，主治外感风寒、风湿痹痛、胃痛、痢疾等。木材稍带红色，纹理细致，为做家具的良材。

蜡梅
Chimonanthus praecox（Linnaeus）Link

【形态特征】 落叶灌木；幼枝四方形，老枝近圆柱形，灰褐色，无毛或被疏微毛，有皮孔；鳞芽通常着生于第二年生的枝条叶腋内，芽鳞片近圆形，覆瓦状排列，外面被短柔毛。叶纸质至近革质，卵圆形、椭圆形、宽椭圆形至卵状椭圆形，有时长圆状披针形，长 5 ～ 25 厘米，宽 2 ～ 8 厘米，顶端急尖至渐尖，有时具尾尖，基部急尖至圆形，除叶背脉上被疏微毛外无毛。花着生于第二年生枝条叶腋内，先花后叶，芳香，直径 2 ～ 4 厘米；花被片圆形、长圆形、倒卵形、椭圆形或匙形，长 5 ～ 20 毫米，宽 5 ～ 15 毫米，无毛，内部花被片比外部花被片短，基部有爪；雄蕊长 4 毫米，花丝比花药长或等长，花药向内弯，无毛，药隔顶端短尖，退化雄蕊长 3 毫米；心皮基部被疏硬毛，花柱长是子房的 3 倍，基部被毛。果托近木质化，坛状或倒卵状椭圆形，长 2 ～ 5 厘米，直径 1 ～ 2.5 厘米，口部收缩，并具有钻状披针形的被毛附属物。花期 11 月至翌年 3 月，果期 4 ～ 11 月。

【生境分布】 湖北西部有野生，生长在海拔 1500 米以下的山地。现湖北各地栽培作为观赏树种。

【含油量及理化性质】 种仁含油量为 36%，脂肪酸组成主要是亚油酸 53.3%、油酸 26.1%、棕榈酸 13.6%、硬脂酸 3.1%，其他微量。

【利用情况】 著名园林绿化观赏植物；花、根、叶可药用。

【繁殖与栽培技术】 种子、压条和分根繁殖。播种育苗：7 ～ 8 月采收变黄的坛形果托，取出种子干藏，翌春播种；播种前用 60℃温水浸泡种子 12 ～ 24 小时，点播或开沟条播，覆土 4 ～ 5 厘米；播种后注意浇水、除草，每隔 20 ～ 30 天施薄肥一次；苗期注意排水防涝。播种苗经过 3 ～ 4 年培养抚育。

【分析与评价】 蜡梅花芳香美丽，是冬季赏花的理想花木。花可提取芳香油，又可作药用，解暑生津，治心烦口渴、气郁胸闷，为清凉解毒生津药；花蕾提取油可治烫伤。根、茎入药，有镇咳止喘功效。根、叶药用，可理气止痛，散寒解毒，治跌打、腰痛、风湿麻木、风寒感冒、刀伤出血。

玉兰

Yulania denudata（Desrousseaux）D.L.Fu

【形态特征】落叶乔木。树皮深灰色，粗糙开裂；小枝稍粗壮，灰褐色；冬芽及花梗密被淡灰黄色长绢毛。叶纸质，倒卵形、宽倒卵形或倒卵状椭圆形，基部徒长枝叶椭圆形，长 10～15（18）厘米，宽 6～10（12）厘米，先端宽圆、平截或稍凹，具短突尖，中部以下渐狭成楔形，叶上深绿色，嫩时被柔毛，后仅中脉及侧脉留有柔毛，下面淡绿色，沿脉被柔毛，侧脉每边 8～10 条，网脉明显；叶柄长 1～2.5 厘米，被柔毛，上面具狭纵沟；托叶痕为叶柄长的 1/4～1/3。花蕾卵圆形，花先叶开放，直立，芳香，直径 10～16 厘米；花梗显著膨大，密被淡黄色长绢毛；花被片 9 片，白色，基部常带粉红色，近相似，长圆状倒卵形，长 6～8（10）厘米，宽 2.5～4.5（6.5）厘米；雄蕊长 7～12 毫米，花药长 6～7 毫米，侧向开裂；药隔宽约 5 毫米，顶端伸出成短尖头；雌蕊群淡绿色，无毛，圆柱形，长 2～2.5 厘米；雌蕊狭卵形，长 3～4 毫米，具长 4 毫米的锥尖花柱。聚合果圆柱形，长圆状倒卵形，长 12～15 厘米，直径 3～5 厘米；蓇葖厚木质，褐色，具白色皮孔；种子心形，侧扁，高约 9 毫米，宽约 10 毫米，外种皮红色，内种皮黑色。花期 3～4 月，果期 5～11 月。

【生境分布】产于湖北赤壁、英山、罗田。喜光，生长速度较慢，稍耐阴，颇耐寒，喜肥沃、适当湿润而排水良好的弱酸性土壤，但亦能生长于碱性土中。武汉有栽培。

【含油量及理化性质】种子含油量达 41.3%，脂肪酸组成主要是油酸 23.5%、亚油酸 48%、棕榈酸 15.4%、硬脂酸 3.1%，其他微量。

【利用情况】早春观花树种。花蕾入药。

【繁殖与栽培技术】种子和压条繁殖。播种育苗：10 月采种，除去外种皮后，0～10℃低温沙藏保湿，3 月初室内播种，保持土壤湿润，约 20 天发芽出苗；抚育需注意夏遮阴，冬防寒。压条繁殖：压条法适宜低矮灌木状的母株，可在春季就地压条，经 1～2 年培育后与母株分离。定植：玉兰树寿命长，根系发达、完整，不宜裸根移植，需带土球移栽，所以定植时要选择好位置，不再轻易挪移。定植玉兰时，要选择背风向阳、温暖湿润、侧方有遮阴的地方。玉兰对土壤要求不严格，微酸或微碱性土都可适应，但以排水良好的中性砂质壤土为宜。

【分析与评价】为驰名中外的早春观花庭园观赏树种。花蕾入药与"辛夷"功效相同，性味辛、温，具有祛风散寒通窍、宣肺通鼻的功效，可用于头痛、血淤型痛经、鼻塞、急慢性鼻窦炎、过敏性鼻炎等症；花含芳香油，可提取配制香精或制浸膏，此外，还可将花加工制作成小吃，也可泡茶饮用；现代药理学研究表明，玉兰花对常见皮肤真菌也有抑制作用；种子榨油供工业用。

望春玉兰
Yulania biondii（Pampanini）D. L. Fu

【形态特征】落叶乔木，高可达 12 米，胸径达 1 米；树皮淡灰色，光滑；小枝细长，灰绿色，直径 3～4 毫米，无毛；顶芽卵圆形或宽卵圆形，长 1.7～3 厘米，密被淡黄色展开长柔毛。叶椭圆状披针形、卵状披针形、狭倒卵形或卵形，长 10～18 厘米，宽 3.5～6.5 厘米，先端急尖，或短渐尖，基部阔楔形，或圆钝，边缘干膜质，下延至叶柄，上面暗绿色，下面浅绿色，初被平伏绵毛，后无毛；侧脉每边 10～15 条；叶柄长 1～2 厘米，托叶痕为叶柄长的 1/5～1/3。花先叶开放，直径 6～8 厘米，芳香；花梗顶端膨大，长约 1 厘米，具 3 个苞片脱落痕；花被 9，外轮 3 片，紫红色，近狭倒卵状条形，长约 1 厘米，中内两轮花被近匙形，白色，外面基部常为紫红色，长 4～5 厘米，宽 1.3～2.5 厘米，内轮的较狭小；雄蕊长 8～10 毫米，花药长 4～5 毫米，花丝长 3～4 毫米，紫色；雌蕊群长 1.5～2 厘米。聚合果圆柱形，长 8～14 厘米，常因部分不育而扭曲；果梗长约 1 厘米，直径约 7 毫米，残留长绢毛；蓇葖浅褐色，近圆形，侧扁，具凸起瘤点；种子心形，外种皮鲜红色，内种皮深黑色，顶端凹陷，具 V 形槽，中部凸起，腹部具深沟，末端短尖不明显。花期 3 月，果期 9 月。

【生境分布】分布于湖北兴山、郧西等地。生长在海拔 600～1200 米的阳处荒坡上或路旁。

【含油量及理化性质】种子含油量达 39.8%，脂肪酸组成主要是亚麻酸 1.28%、油酸 32%、亚油酸 29.6%、棕榈酸 29.7%、硬脂酸 2.87%，其他微量。

【利用情况】花蕾入药，是中药辛夷的正品；早春园林花卉植物。

【繁殖与栽培技术】种子和压条繁殖。播种育苗：9 月采种，用层积法储藏种子；3 月中下旬，在苗床上按行距 33 厘米开深 3～4 厘米的沟，将种子按株距 3 厘米播入沟内，覆土与沟面平，轻轻压实。幼苗期要遮阴，经常喷水，及时中耕除草，结合浇水适施稀薄人畜粪水或尿素等。

抚育管理：定植时应施足基肥，在冬季适施堆肥，或在春季施人畜粪水，促进苗木迅速成林。始花后，每年应在冬季增施过磷酸钙，壮蕾促花。春季环剥压条，生根后移栽土中。

【分析与评价】玉兰树干光滑，枝叶茂密，树形优美，花色素雅，气味浓郁芳香，早春开放，花瓣白色，外面基部紫红色，十分美观，夏季叶大浓绿，有特殊香气；仲秋时节，聚合果由青变黄红，露出深红色的外种皮，令人喜爱；初冬时花蕾满树十分壮观，为绿化庭院的优良树种。它的花蕾入药称"辛夷"，是我国传统的珍贵中药材，能散风寒、通肺窍，有收敛、降压、镇痛、杀菌等作用，对治疗头痛、感冒、鼻炎、肺炎、支气管炎等有特殊疗效。辛夷花含芳香油，挥发油含量达 3%～5%，提取的香料可作饮料和糕点等食品的原料；提制的芳香浸膏，可供配制香皂、化妆品、香精。它木材坚实，质地细腻，光滑美观，用于建筑和家具制作。

厚朴

Houpoea officinalis（Rehder & E. H. Wilson）N. H.Xia & C. Y. Wu

【形态特征】落叶乔木；树皮厚，褐色，不开裂；小枝粗壮，幼时有绢毛；顶芽大，狭卵状圆锥形，无毛。叶大，近革质，7～9片聚生于枝端，长圆状倒卵形，长22～45厘米，宽10～24厘米，先端短急尖或圆钝，基部楔形，全缘而呈微波状，叶面绿色，无毛，叶背灰绿色，被灰色柔毛，有白粉；叶柄粗壮，长2.5～4厘米，托叶痕为叶柄的2/3。花白色，芳香；花梗粗短，被长柔毛，离花被片下1厘米处具苞片脱落痕，花被片9～12(17)，厚肉质，外轮3片淡绿色，长圆状倒卵形，长8～10厘米，宽4～5厘米，盛开时常向外反卷，内两轮白色，倒卵状匙形，长8～8.5厘米，宽3～4.5厘米，基部具爪，最内轮7～8.5厘米，花盛开时中内轮直立；雄蕊约72枚，长2～3厘米，花药长1.2～1.5厘米，内向开裂，花丝长4～12毫米，红色；雌蕊群椭圆状卵圆形，长2.5～3厘米。聚合果长圆状卵圆形，长9～15厘米；蓇葖具长3～4毫米的喙；种子倒卵形，红色，长约1厘米。花期4～6月，果期8～10月。

【生境分布】产于湖北咸丰、利川、建始、鹤峰、五峰、巴东、兴山、罗田等地，武汉有栽培。

【含油量及理化性质】种子含油量为42.18%，脂肪酸组成主要是油酸33.9%、亚油酸44.3%、棕榈酸15.79%、硬脂酸2.42%，其他微量。

【利用情况】树皮、根皮、花、种子及芽皆可入药。种子油可制肥皂。木材供建筑、板料、家具等用。绿化观赏树种。

【繁殖与栽培技术】以种子繁殖为主，也可用压条繁殖。播种育苗：9～11月果实成熟时，采收种子，随采随播，或用湿沙储藏至翌年春季。播种前需进行种子处理，即先浸种48小时，然后用沙搓去种子表面的蜡质层，接着浸种24～48小时后，盛放于竹箩内在水中用脚踩去蜡质层，再用浓茶水浸种24～48小时，搓去蜡质层。以条播为主，行距为25～30厘米，粒距5～7厘米，播后覆土、盖草。也可采用撒播，每亩用种量15～20公斤，一般3～4月出苗。压条繁殖：11月上旬或翌年2月，选择10年生以上的成年树的萌蘖，横割断蘖茎一半，再向切口相反方向弯曲，使茎纵裂，在裂缝中央夹一小石块，培土覆盖；第2年生根后与母株分离、定植。

抚育管理：幼苗期要经常拔除杂草，每年追肥1～2次；多雨季节要防积水，以防烂根；当苗高30～50厘米时即可移栽，时间为10～11月落叶后或2～3月萌芽前，按株行距3米×4米或3米×3米开穴，穴深40厘米，50厘米见方；定植后，每年中耕除草2次，林地郁闭后一般仅冬季中耕除草、培土；结合中耕除草进行追肥，以农家肥为主，幼树期除需压条繁殖外，应剪除萌蘖，以保证主干挺直、生长快。

病虫害防治：常见病虫害有叶枯病、根腐病、褐天牛、褐边刺蛾和褐刺蛾、白蚁等。当发生叶枯病危害时，清除病叶，或在发病初期用1∶1∶100波尔多液喷雾防治。当发生根腐病危害时，用甲霜恶霉灵或铜制剂进行灌根。褐天牛的幼虫蛀食枝干，可捕杀成虫，树干刷涂白剂防止成虫产卵，以及用80%敌敌畏乳油浸棉球塞入蛀孔毒杀。褐边刺蛾和褐刺蛾的幼虫咬食叶片，可喷90%敌百虫800倍液或Bt乳剂300倍液毒杀。白蚁危害根部，可用灭蚁灵粉毒杀或挖巢灭蚁。

【分析与评价】厚朴是著名中药，其树皮、根皮、花、种子及芽皆可入药。以树皮入药为主，有化湿导滞、行气平喘、化食消痰、祛风镇痛之效；种子有明目益气之功效，芽可作妇科药用。种子可榨油，含油量达42.18%，出油率25%，可制肥皂。木材可供建筑、板料、家具、雕刻、乐器、细木工等用。厚朴叶大荫浓，花大美丽，可作绿化观赏树种。

深山含笑
Michelia maudiae Dunn

【形态特征】常绿乔木，高达 20 米，各部均无毛；树皮薄、浅灰色或灰褐色；芽、嫩枝、苞片均被白粉。叶革质，长圆状椭圆形，很少卵状椭圆形，长 7～18 厘米，宽 3.5～8.5 厘米，先端骤狭短渐尖或短渐尖而尖头钝，基部楔形、阔楔形或近圆钝，叶面深绿色，有光泽，叶背灰绿色，被白粉，侧脉每边 7～12 条，直或稍曲，至近叶缘开叉，网结、网眼致密。叶柄长 1～3 厘米，无托叶痕。花梗绿色具 3 个环状苞片脱落痕，佛焰苞状苞片淡褐色，薄革质，长约 3 厘米；花芳香，花被片 9 片，纯白色，基部稍呈淡红色，外轮倒卵形，长 5～7 厘米，宽 3.5～4 厘米，顶端具短急尖，基部具长约 1 厘米的爪，内两轮则渐狭小；雄蕊长 1.5～2.2 厘米，药隔伸出长 1～2 毫米的尖头，花丝宽扁，淡紫色，长约 4 毫米；雌蕊群长 1.5～1.8 厘米；雌蕊群柄长 5～8 毫米。心皮绿色，狭卵圆形。聚合果长 7～15 厘米，蓇葖长圆形、倒卵圆形、卵圆形、顶端圆钝或具短突尖头。种子红色，斜卵圆形，长约 1 厘米，宽约 5 毫米，稍扁。花期 2～3 月，果期 9～10 月。

【生境分布】全省广泛栽培，生于海拔 600～1500 米的密林中。

【含油量及理化性质】种子含油量达 39.1%，脂肪酸组成主要是油酸 38.1%、亚油酸 33.5%、棕榈酸 18.6%、硬脂酸 2.4%，其他微量。

【利用情况】园林树种。

【繁殖与栽培技术】种子繁殖。播种：10 月采种，随采随播或湿沙储藏到早春 2 月下旬至 3 月上旬播种；播种前用浓度为 0.5% 高锰酸钾溶液浸种消毒 2 小时，再放入温水中催芽 24 小时，待种子吸水膨胀后捞出，置于竹箩内晾干，并用钙镁磷肥拌种。深山含笑属浅根性树种，应选择排灌条件好，阳光中等，土层深厚、肥沃且水源充足，排水良好的砂质壤土。播种前对苗床地进行深翻，整地要细致，做到"三耕三耙"。施足基肥，每亩施栏肥 2500 公斤，同时用 70% 甲基硫菌灵 5 公斤进行土壤消毒和施 90% 敌百虫 2 公斤进行土壤灭虫。土壤消毒后开始筑床，床高 25 厘米，床宽 110～120 厘米，步行沟宽 30～35 厘米。床面略带龟背形，四周开好排水沟，做到雨停沟不积水。采用条播，条距 25 厘米，播种量 8～10 公斤/亩。苗期管理：4 月初，当平均气温维持在 15℃左右时，种子开始破土发芽。当 70%～80% 幼苗出土后就可以在阴天或晴天傍晚揭去覆盖物，第 2 天用 70% 甲基硫菌灵 0.125% 溶液和 0.5% 等量式波尔多液交替喷雾 2～3 次，预防病害发生。4 月下旬至 5 月下旬，每隔 10～15 天施 3%～5% 稀薄人粪尿和 2% 腐熟饼肥。6 月以后用 0.2% 复合肥浇灌苗根周围，溶液尽量不要浇到叶片上。5 月份阴雨天气，应及时移出过密的小苗。7 月上旬定苗，每平方米留苗 30～35 株。6 月下旬至 10 月中旬是深山含笑的生长旺盛期，其株高、径生长量分别占全年生长量的 68%，但此时气温高，天气灼热，应及时做好抗旱工作，应在苗床上搭盖荫棚，用 55% 透光率的单层遮阳网覆盖苗床并灌足水，苗床湿透后立即放水，并用 0.2% 复合肥和尿素交替沤浇苗根周围，溶液尽量不要浇到叶面。8 月后结合松土，每次撒施复合肥 5～8 公斤，促使苗木生长；9 月下旬停止追肥。在育苗过程中，若发生凤蝶食苗木嫩叶，可用 50% 敌百虫和马拉松乳剂 0.1% 溶液喷雾防治。

【分析与评价】 木材纹理直，结构细，易加工，供家具、板料、绘图板、细木工用材。叶色鲜绿，花朵纯白艳丽，为庭园观赏树种；花可提取芳香油，亦供药用；种子可榨油。

异形南五味子
Kadsura heteroclita（Roxburgh）Craib

【形态特征】 常绿木质大藤本，无毛。枝褐色，干时黑色，有明显深入的纵条纹，具椭圆形点状皮孔，老茎木栓层厚，块状纵裂。叶卵状椭圆形至阔椭圆形，长6～15厘米，宽3～7厘米，先端渐尖或急尖，基部阔楔形或近圆钝，全缘或上半部边缘有疏离的小锯齿，侧脉每边7～11条，网脉明显；叶柄长0.6～2.5厘米。花单生于叶腋，雌雄异株，花被片白色或浅黄色，11～15片，外轮和内轮较小，中轮最大的1片，椭圆形至倒卵形，长8～16毫米，宽5～12毫米。雄花：花托椭圆体形，顶端伸长呈圆柱状，圆锥状凸出于雄蕊群外；雄蕊群椭圆体形，长6～7毫米，直径约5毫米，具雄蕊50～65枚；雄蕊长0.8～1.8毫米；花丝与药隔连成近宽扁四方形，药隔顶端横长圆形，药室约与雄蕊等长，花丝极短；花梗长3～20毫米，具数枚小苞片。雌花：雌蕊群近球形，直径6～8毫米，具雌蕊30～55枚，子房长圆状倒卵圆形，花柱顶端具盾状的柱头冠；花梗3～30毫米。聚合果近球形，直径2.5～4厘米；成熟心皮倒卵圆形，长10～22毫米；干时革质而不显出种子；种子2～3粒，少有4～5粒，长圆形，长5～6毫米，宽3～5毫米。花期5～8月，果期7～10月。

【生境分布】 产于湖北宣恩、建始、兴山，生于海拔650～1000米的林下，攀绕植物生长。

【含油量及理化性质】 种子含油量为38.4%，脂肪酸组成主要是油酸70.3%、棕榈酸11.51%、硬脂酸17.31%，其他微量。

【利用情况】 藤和果药用，果实可食。

【繁殖与栽培技术】 扦插繁殖。将枝条截成12～16厘米长且含1～3个饱满芽，基部斜剪入苗床中。

【分析与评价】 藤及根称鸡血藤（地血藤），药用，有行气止痛，祛风除湿的功效，可治风湿骨痛、跌打损伤。果实（地血香果），味苦、辛，性温，可祛风除湿，活血化瘀，行气止痛；果可食。种子可榨油。

五味子

Schisandra chinensis（Turczaninow）Baillon

【形态特征】 落叶木质藤本。除幼叶背面被柔毛及芽鳞具缘毛外，其余部分无毛；幼枝红褐色，老枝灰褐色，常起皱纹，片状剥落。叶膜质，宽椭圆形、卵形、倒卵形、宽倒卵形或近圆形，长（3）5～10（14）厘米，宽（2）3～5（9）厘米，先端急尖，基部楔形，上部边缘具胼胝质的疏浅锯齿，近基部全缘；侧脉每边3～7条，网脉纤细不明显；叶柄长1～4厘米，两侧由于叶基下延形成极狭的翅。雄花：花梗长5～25毫米，中部以下具狭卵形、长4～8毫米的苞片，花被片粉白色或粉红色，6～9片，长圆形或椭圆状长圆形，长6～11毫米，宽2～5.5毫米，外面的较狭小；雄蕊长约2毫米，花药长约1.5毫米，无花丝或外3枚雄蕊具极短花丝，药隔凹入或稍凸出；雄蕊仅5（6）枚，互相靠贴，直立排列于长约0.5毫米的柱状花托顶端，形成近倒卵圆形的雄蕊群。雌花：花梗长17～38毫米，花被片和雄花相似；雌蕊群近卵圆形，长2～4毫米，心皮17～40，子房卵圆形或卵状椭圆体形，柱头鸡冠状，下端下延成1～3毫米的附属体。聚合果长1.5～8.5厘米，果柄长1.5～6.5厘米；浆果红色，肉质，近球形或倒卵圆形，直径6～8毫米，果皮具不明显腺点；种子1～2粒，肾形，长4～5毫米，宽2.5～3毫米，淡褐色，种皮光滑，种脐明显凹入呈U形。花期5～7月，果期7～10月。

【生境分布】 分布于湖北罗田、崇阳，生长在海拔1200～1700米的山地杂木林中。

【含油量及理化性质】 种子含油量为38.8%，脂肪酸组成主要是亚油酸50%、油酸27.11%、棕榈酸14.86%、硬脂酸5.29%，其他微量。

【利用情况】 果实药用和食用。

【繁殖与栽培技术】 种子繁殖和地下横走茎切段繁殖。播种育苗：8～9月采收果实，用清水浸泡至果肉涨起时搓去果肉，搓掉果肉后的种子再用清水浸泡5～7天，使种子充分吸水，每隔2天换一次水，在换水时还可清除一部分秕粒，浸泡后捞出控干，并与2～3倍于种子的湿沙混匀，放入室外已准备好的深0.5米左右的坑中，上面覆盖10～15厘米的细土，再盖上柴草或草帘进行低温储藏处理；翌年5～6月播种。苗床要有15厘米以上的疏松土层，宽度1.2米，长度视地势而定。床土要耙细并清除杂质，腐熟厩肥与床土充分搅拌均匀，搂平床土表面即可播种。五味子喜肥，生长期需要足够的水分和营养。栽植成活后，要经常浇水，保持土壤湿润；冬季结冻前灌一次水，以利于越冬。孕蕾开花结果期，除需要足够水分外，还需要大量养分。每年应追肥1～2次，宜在展叶期和开花后进行，一般可追施腐熟的农家肥。追肥时，可在距根部30～50厘米半径处开15～20厘米深的环状沟，施入肥料后覆土，注意开沟时勿伤根系。五味子的藤蔓，春、夏、秋三季均可修剪。春剪一般在枝条萌芽前进行，主要剪除过密果枝和枯枝，使枝条疏密适度，互不干扰。夏剪一般在5月上中旬至8月上中旬进行，主要剪基生枝、膛枝、重叠枝、病虫枝等，同时对过密的新生枝也需要进行疏剪或短截。夏剪修剪到位，秋季可轻剪或不剪。秋剪在落叶后进行，主要剪除夏剪后的基生枝。不论何时剪枝，都应选留2～3个营养枝作为主枝，并引蔓上架。入冬前在五味子根基部培土，可以保护其安全越冬。

【分析与评价】 果实药用，为著名中药，有收敛固涩、益气生津、止咳、滋补涩精、止泻止汗、补肾宁心之功效，常用于久嗽虚喘，梦遗滑精，遗尿尿频，久泻不止，自汗盗汗，津伤口渴，内热消渴，心悸失眠等症。五味子的叶、果实可提取芳香油。种仁可榨油，作工业原料、润滑油。茎皮纤维柔韧，可制成绳索。

白木通

Akebia trifoliata subsp. *australis*（Diels）T. Shimizu

【形态特征】落叶木质藤本。小叶革质，卵状长圆形或卵形，长4～7厘米，宽1.5～3（5）厘米，先端狭圆，顶微凹入而具小凸尖，基部圆、阔楔形、截平或心形，边通常全缘；有时略具少数不规则的浅缺刻。总状花序长7～9厘米，腋生或生于短枝上。雄花：萼片长2～3毫米，紫色；雄蕊6，离生，长约2.5毫米，红色或紫红色，干后褐色或淡褐色。雌花：直径约2厘米；萼片长9～12毫米，宽7～10毫米，暗紫色；心皮5～7，紫色。果长圆形，长6～8厘米，直径3～5厘米，熟时黄褐色；种子卵形，黑褐色。花期4～5月，果期6～9月。

【生境分布】产于湖北来凤、咸丰、宣恩、利川、恩施、建始、鹤峰、长阳、宜昌、巴东、兴山、崇阳，生于海拔400～1300米的山坡灌丛林缘、路旁、沟边等地方。喜阴湿，耐寒，适宜在中性至微酸性土壤中生长。

【含油量及理化性质】种子含油量达31.04%～53.4%，脂肪酸组成主要是油酸50.94%、亚油酸29.53%、棕榈酸3.85%、硬脂酸1.07%，其他微量。

【利用情况】根、茎和果均可入药；果实可食，也可酿酒；种子可榨油。

【繁殖与栽培技术】种子、扦插和压条繁殖。播种育苗：在清水中搓去种子上残留的果肉，去瘪粒，捞出晾干，然后将种子与洁净湿润的细河沙按1：3的比例混合在一起，放入木箱中并置室内存放或野外挖穴储藏。种子露白后，将其播入准备好的营养钵中，放入温室育苗。播种后保持适宜的温度，待表土干燥后浇水一次，小苗出齐后要遮阴10～15天，温度20℃以上时要通风降温。待种苗茎长为60厘米左右时再移出温室，定植在大田中。扦插育苗：冬至前后，采健壮成熟、芽眼饱满的枝条，上端于节上1～2厘米处平剪，下端于节下1厘米处斜剪成马耳形，湿沙储藏过冬，次年惊蛰前后，将枝条用生根粉处理后，插入以20～25厘米厚的细沙为基质的苗床中，枝条与床面成30°角，保持空气湿度，防止种苗因气温过高蒸腾作用过强而大量消耗水分。当种苗生长至30～40厘米时，挖开、检查插穗的生根情况，如果根系发生完好，就可以移栽定植于大田中；起苗时，以种苗为中心，在其左右前后各铲取5厘米深的苗床土，带土球移栽于大田中。压条繁殖：在白木通的秋梢中，选取粗壮、长势好的茎藤，按照压条的常规方法进行操作，待须根长至约10厘米时，即可移栽。

移栽定植：根据不同繁殖方式获得种苗的根系生长情况进行定植，定植后浇透水，扦插苗和压条苗栽植时间应在春、冬两季。春栽宜在萌芽前，即2月中下旬至3月上旬，冬栽应在落叶后，即11月下旬至12月上旬；扦插、压条繁殖的种苗，可在12月或翌年3月上旬进行移栽，种子实生苗一年四季均可进行移栽。将种植地深翻20～30厘米后，按株行距90厘米×130厘米进行穴植。栽植时应注意，栽植点距架线垂直投影15～20厘米，挖出的土拌入腐熟农家肥后回填穴内一半，在穴底培成馒头形土堆，再把苗木放入穴内，舒展根系，回填剩余土。

抚育管理：植株范围内保持土壤疏松，无杂生植物，一般采用人工除草，不可使用除草剂。需立架杆和修剪，将白木通藤茎固定在立架上，每株保留2～4个固定的主蔓。同葡萄等果树一样，白木通需进行经常性的树体管理，整形因架式不同而有区别。白木通的结果枝以顶花芽结果为主，修剪则以疏剪为主，可在植株落叶后 2～3 周至翌年伤流开始前进行冬季修剪，但最好不超过 2 月中旬；修剪时，剪口离芽眼 2～3 厘米，离地表 30 厘米架面内不留侧枝。此外，还要做好病虫害防治，主要是冬季清园，消除越冬虫蛹、虫卵；果园适时喷洒农药防治虫害等或进行人工捕捉，也可采用生物综合防治；尤其应注意春季施用药剂，防止红体叶蝉、蚜虫、毛辣虫、白吹绵蚧、红蜘蛛等对幼嫩枝蔓的危害。

【分析与评价】 白木通是一种具有药用价值、食用价值和观赏价值的藤本植物。我国传统中医学中把木通类植物的根、茎、果实、种子分别称为木通根、木通、八月札、预知子，配伍很广。白木通及其近缘植物的果实均可食用，药用价值也基本相同，民间称为狗腰子，有利尿、通乳、舒筋活络之效，可治风湿关节痛。白木通果肉甜香浓郁，将其倒出后用冷开水冲喝，香甜可口，且能清热利尿。如果能将果肉制成饮料、酒等系列保健饮品进行深度开发，则很有市场研发潜力。作为水果食用，味甜可口，风味独特，并含有大量人体必需的营养成分，据测定其果实的营养成分大体上与国内外专家高度重视的沙棘等野生水果相当。种子中富含油脂类成分，其种子经中国农业科学院油料作物研究所测试中心分析，结果显示含油量高达 43%，主要成分以油酸、亚油酸、棕榈酸为主，种子油含有丰富的维生素 E（23 mg/100g）、维生素 C 和维生素 B，以及不饱和脂肪酸，可以增强人体免疫力，滋润肌肤，延缓衰老，防止或减少某些疾病的发生。亚油酸是人体必需的不饱和脂肪酸，不能由人体自身合成，只能从食物或药物中摄取；亚油酸在人体内可转化为花生四烯酸和亚麻酸，花生四烯酸是前列腺素的前提物质，而前列腺素具有较广泛的调节机理代谢的重要作用。白木通还可作为庭院、公园、旅游景区、铁路和高速公路两侧以及城市垂直绿化等植物。

猫儿屎

Decaisnea insignis (Griffith) J. D. Hooker & Thomson

【形态特征】落叶灌木。茎有圆形或椭圆形的皮孔；枝粗而脆，易断，渐变黄色，有粗大的髓部；冬芽卵形，顶端尖，鳞片外面密布小疣凸。羽状复叶长 50～80 厘米，有小叶 13～25 片；叶柄长 10～20 厘米；小叶膜质，卵形至卵状长圆形，长 6～14 厘米，宽 3～7 厘米，先端渐尖或尾状渐尖，基部圆或阔楔形，叶面无毛，叶背青白色，初时被粉末状短柔毛，渐变无毛。总状花序腋生，或数个再复合为疏松、下垂、顶生的圆锥花序，长 2.5～3（4）厘米；花梗长 1～2 厘米；小苞片狭线形，长约 6 毫米；萼片卵状披针形至狭披针形，先端长渐尖，具脉纹，中脉部分略被皱波状尘状毛或无毛。雄花：外轮萼片长约 3 厘米，内轮萼片长约 2.5 厘米；雄蕊长 8～10 毫米，花丝合生呈细长管状，长 3～4.5 毫米，花药离生，长约 3.5 毫米，药隔伸出花药之上成阔而扁平、长 2～2.5 毫米的角状附属体，退化心皮小，通常长约为花丝管之半或稍超过，极少与花丝管等长。雌花：退化雄蕊花丝短，合生呈盘状，长约 1.5 毫米，花药离生，药室长 1.8～2 毫米，顶端具长 1～1.8 毫米的角状附属物；心皮 3，圆锥形，长 5～7 毫米，柱头稍大，马蹄形，偏斜。果下垂，圆柱形，蓝色，长 5～10 厘米，直径约 2 厘米，顶端截平但腹缝先端延伸为圆锥形凸头，具小疣凸，果皮表面有环状缢纹或无；种子倒卵形，黑色，扁平，长约 1 厘米。花期 4～6 月，果期 7～8 月。

【生境分布】产于湖北咸丰、宣恩、利川、鹤峰、建始、巴东、宜昌、兴山、房县、神农架、罗田，生于海拔 800～1200 米的山坡灌丛中和沟边、路边。

【含油量及理化性质】种子含油量为 23%～35.18%，脂肪酸组成主要是亚麻酸 1.51%、油酸 21.47%、亚油酸 51.7%、棕榈酸 12.66%、硬脂酸 1.87%，其他微量。

【利用情况】果肉可食，在山区被称为"野香蕉"；果皮可提取橡胶；种子可榨油。

【繁殖与栽培技术】扦插和种子繁殖。扦插育苗：秋季扦插最为适宜。待树体落叶后选取木质化枝条做插穗；选择清晨或无风的阴天，将母树伐桩后当年萌发的枝条割下，注意不要压伤嫩枝组织，在阴凉处用锋利刀具切削插穗。插穗上端切口在距腋芽以上 1～1.5 厘米处平截，下切口斜切，位于叶或腋芽之下切成马蹄形，切不可损伤腋芽；把切好的插穗放入桶内，盖上湿纱布保湿，做到随采随插。插穗长度 15～20 厘米，有 2～4 个节间。扦插前将根部对齐，向下竖直放入生根粉溶液内处理，然后将插穗靠摆在插沟内，马蹄口朝下，用土将插沟填平后浇透水。插床做成高床，床高 30 厘米，以肥沃疏松、土层深厚、中性至微酸性的砂质壤土为基质。扦插前施足基肥、腐熟饼肥或复合肥，以腐熟的农家肥为主，并做好土壤消毒。精细做好苗床后，再筛盖一层 10 厘米左右厚的腐殖土，并将床面整平。

播种育苗：10 月下旬采收成熟的蓝色果实，剥开果皮取出种子后放在水中搓洗，除去果肉、不饱满粒及杂物，再选取籽粒饱满的种子备用。秋播宜在 10 月下旬，春播宜在 3 月初进行，但猫儿屎种子干藏到第二年发芽率降低至 50%，故在生产上多采用秋播，即随采随播。条播，每亩用种量 8 公斤左右；均匀稀疏地把种子撒入沟内，并覆土 1.5～2 厘米。同时搭建遮阳棚，棚高 1.2 米，遮光度为 60%。保持苗床湿润，雨季要开沟排水，以免积水烂根。在整个幼苗期间，应做到田间无杂草。结合拔草进行施肥，第二年 4 月初追肥一次，加速幼苗生长；6 月下旬追肥一次，促进苗木健壮。

【分析与评价】 适应性强，生长迅速，3～5年即可开花结果。目前，猫儿屎尚是未开发利用的野生果树、观赏树种和药用树种。其果肉白色，柔软多汁，风味独特，含有多种营养成分。药用，味甘辛，性平、归肺，肝经，具有良好的医疗保健作用及多种药效；可祛风除湿，清肺止咳，主治风湿痹痛，肛门湿烂，阴痒，肺痨咳嗽。猫儿屎可作为新型水果，也可用作药材。它是我国木通科中唯一的直立灌木，花黄绿色，花期长达2个月，果期长达3个月，具有很好的观赏价值。同时，猫儿屎还是一种野生橡胶植物，其果皮内的乳汁中含有橡胶，含胶量为果实干重的10%～12%；经试验，此种橡胶与丁苯胶混合后，可以制成日用橡胶制品，其产品质量和一般橡胶制品相近。因此，猫儿屎不仅具有绿化美化环境的作用，还具有较大的经济开发价值。

黄连木

Pistacia chinensis Bunge　别名：黄芽子树、甜苗

【形态特征】落叶乔木。树干扭曲。树皮暗褐色，呈鳞片状剥落，幼枝灰棕色，具细小皮孔，疏被微柔毛或近无毛。奇数羽状复叶互生，有小叶 5～6 对，叶轴具条纹，被微柔毛，叶柄上面平，被微柔毛；小叶对生或近对生，纸质，披针形或卵状披针形或线状披针形，长 5～10 厘米，宽 1.5～2.5 厘米，先端渐尖或长渐尖，基部偏斜，全缘，两面沿中脉和侧脉被卷曲微柔毛或近无毛，侧脉和细脉两面突起；小叶柄长 1～2 毫米。花单性异株，先花后叶，圆锥花序腋生，雄花序排列紧密，长 6～7 厘米，雌花序排列疏松，长 15～20 厘米，均被微柔毛；花小，花梗长约 1 毫米，被微柔毛；苞片披针形或狭披针形，内凹，长 1.5～2 毫米，外面被微柔毛，边缘具睫毛。雄花：花被片 2～4，披针形或线状披针形，大小不等，长 1～1.5 毫米，边缘具睫毛；雄蕊 3～5，花丝极短，小于 0.5 毫米，花药长圆形，长约 2 毫米；雌蕊缺。雌花：花被片 7～9，大小不等，长 0.7～1.5 毫米，宽 0.5～0.7 毫米，外面 2～4 片披针形或线状披针形，外面被柔毛，边缘具睫毛，里面 5 片卵形或长圆形，外面无毛，边缘具睫毛；不育雄蕊缺；子房球形，无毛，直径约 0.5 毫米，花柱极短，柱头 3，厚，肉质，红色。核果倒卵状球形，略压扁，直径约 5 毫米，成熟时紫红色，干后具纵向细条纹，先端细尖。花期 4 月，果期 7～10 月。

【生境分布】产于湖北鹤峰、巴东、宜昌、兴山、神农架、竹溪、丹江口、红安、麻城、崇阳、阳新、武汉，生于海拔较低的丘陵或平原地区。

【含油量及理化性质】种子含油量为 30.25%，脂肪酸组成主要是亚麻酸 0.12%、油酸 59.91%、亚油酸 29.92%、棕榈酸 6.07%、硬脂酸 1.36%，其他微量。

【利用情况】树皮、叶及果可提制栲胶，根、树皮、枝和叶可制农药，鲜叶可提取芳香油，种子油可作润滑油和食用。

【繁殖与栽培技术】种子繁殖。播种育苗：10 月采收果实，放入 35～45℃的草木灰温水中浸泡 2～3 天，搓烂果肉，除去蜡质；用清水冲洗种子，阴干后储藏。有干藏和湿藏两种方法，其中干藏适合大量种子，湿藏适宜少量种子或催芽。干藏是指将果实采收后晾干，装入透气良好的袋子内，在低温、干燥条件下储藏备用。湿藏是指将阴干的种子和沙按 1：3 的比例混合后放入层积坑内或堆积于背风向阳地面，用草席或塑料布覆盖，防止失水。同时，在层积坑内垂直预埋几束秸秆，用于通气；河沙湿度以手握成团不滴水为宜；覆沙成馒头状，次年春季有 1/3 种子露白时即可播种。秋冬播种应随采随播。经过冬季沙藏的种子可直接春播，而没有经过冬季沙藏的种子春播前需进行预处理，即将干藏的果实用清水、35～45℃草木灰温水、5% 石灰水顺次各浸泡 2～3 天，洗去果肉，然后在太阳下暴晒 2～5 小时，待 70% 以上的种子开裂后即可播种。苗圃地应选择交通方便、地势平坦、水源便利、排水良好、土层厚度在 45 厘米以上的地块，土壤为一般壤土、砂质壤土。秋冬播种要在土壤结冻前进行，播种后浇封冻水。春播应在 3 月上旬至 4 月中旬进行，播种量为每公顷 75～120 公斤；播种后要保持土壤湿润，约 28 天种子出苗；为提高成活率，要早间苗。同时，根据幼苗的生长情况施肥。生长初期即可开始追肥，但追肥浓度应根据苗木情况由稀渐浓；幼苗生长期，以氮肥、磷肥为主；速生期，氮肥、磷肥、钾肥混用；

苗木硬化期，以钾肥为主，停施氮肥。10月中旬后抽生的新梢易受霜冻危害，因此8月下旬后必须停止施肥，以控制秋梢。在黄连木育苗过程中，常见病虫害有种子小蜂、黄连木尺蛾、梳齿毛根蚜、缀叶丛螟、刺蛾类昆虫、炭疽病和立枯病等。种子小蜂，主要以幼虫危害果实，成虫产卵于果实的内壁上，初孵幼虫取食果皮内壁和胚外海绵组织，虫体稍大时咬破种皮，钻入胚内，取食胚乳和发育的子叶，到幼虫老熟时可将子叶全部吃光；受害黄连木的幼果，遇到不良天气容易变黑、干枯脱落。黄连木尺蛾，又称木尺蠖，食性很杂，主要以幼虫蚕食叶片，是一种暴食性害虫。梳齿毛根蚜，主要在每年的5～9月进行危害，造成被害叶片反面形成突出的囊状或鸡冠形虫瘿，开始为浅黄绿色，成熟后变为红色，最后导致叶片枯黄、脱落。缀叶丛螟，主要取食危害叶片，其幼虫在2枚叶片间吐丝结网，缀小枝叶为一巢，取食其中；随着虫体增大，食量增加，缀叶由少到多，将多个叶片缀成1个大巢，严重时将叶片全部食光，造成树枝光秃，影响黄连木的正常生长。刺蛾类昆虫主要有黄刺蛾、褐边绿刺蛾等，在黄连木产区零星发生。发生炭疽病危害时，受害果穗的果梗、穗轴和果皮上出现褐色至黑褐色病斑，圆形或近圆形，中央下陷，病部有黑色小点产生，湿度大时，病斑小黑点处呈粉红色突起，即病菌的分生孢子盘及分生孢子；叶片感病后，病斑不规则，有的沿叶缘四周1厘米处枯黄，严重时全叶枯黄脱落；嫩枝感病后，常从顶端向下枯萎，叶片呈烧焦状脱落。立枯病发生在苗期，种子刚发芽时受感染表现为种腐型；种子发芽后幼苗出土前受感染表现为芽腐型；幼苗出土后嫩茎未木质化前受感染表现为猝倒型；苗木木质化后，根部受感染发生腐烂，造成苗木枯死而不倒伏为立枯型；潮湿时，病部有白色菌丝体或粉红色霉层，严重时造成病苗萎蔫死亡。黄连木多生长在干旱、瘠薄的山区，生长势较弱，可通过土壤耕翻、修整树盘、清除石块、树盘覆草、加强肥水管理等措施来增强树势，提高树体对病虫害的抗性。

【分析与评价】①食用价值：黄连木是优良的木本油料树种，具有出油率高、油品好的特点，它是一种不干性油，油色淡黄绿色，带苦涩味，精制后可供食用。鲜叶含芳香油0.12%，可作保健食品添加剂和香薰剂等。嫩叶有香味，经焖炒加工后可替代茶叶作饮料，清凉爽口，还可腌食。②药用价值：黄连木树皮及叶可入药，根、枝、叶、皮还可制农药。树皮、叶夏秋均可采收，性味苦，功能微寒，有清热、利湿、解毒之功效，可治痢疾、淋证、肿毒、牛皮癣、痔疮、风湿疮及漆疮初起等病证。将含黄连木树胶的组合物用到皮肤上，能使皮脂分泌得到控制，防止光亮和油腻，减轻皱纹，治疗皮肤老化、改善皮肤光泽，是天然美容护肤品。③工业价值：黄连木种子油可用于制肥皂、润滑油、照明，油饼可作饲料和肥料。叶含鞣质10.8%，果实含鞣质5.4%，可提制烤胶。果、叶亦可作黑色染料。黄连木是一种木本油料树种，其种子含油量高，富含油脂。随着生物柴油技术的发展，黄连木被喻为"石油植物新秀"，是提制生物柴油的上佳原料，已引起人们的极大关注。④园林观赏价值：黄连木先叶开花，树冠浑圆，枝叶繁茂而秀丽；早春嫩叶红色，入秋树叶又变成深红或橙黄色，再加上红色的雌花序也极美观，成为城市及风景区的优良绿化树种，宜作庭荫树、行道树及观赏风景树，也常作"四旁"绿化及低山区造林树种。⑤蜜源和饲料植物：黄连木花期3～4月，花粉量多，含蜜量大，是早春重要的蜜源植物。种子榨油后的渣粕含有蛋白质和大量粗纤维，是优良的动物饲料。⑥木材价值：黄连木木材是环孔材，边材宽，灰黄色，心材黄褐色，材质坚重，纹理致密，结构匀细，不易开裂，能耐腐，钉着力强，是建筑、家具、车辆、农具、雕刻、居室装饰的优质用材。

漆树

Toxicodendron vernicifluum（Stokes）F. A. Barkley

【形态特征】 落叶乔木，高达 20 米。树皮灰白色，粗糙，呈不规则纵裂，小枝粗壮，被棕黄色柔毛，后变无毛，具圆形或心形的大叶痕和突起的皮孔；顶芽大而显著，被棕黄色绒毛。奇数羽状复叶互生，常呈螺旋状排列，有小叶 4 ～ 6 对，叶轴圆柱形，被微柔毛；叶柄长 7 ～ 14 厘米，被微柔毛，近基部膨大，半圆形，上面平；小叶膜质至薄纸质，卵形或卵状椭圆形或长圆形，长 6 ～ 13 厘米，宽 3 ～ 6 厘米，先端急尖或渐尖，基部偏斜，圆形或阔楔形，全缘，叶面通常无毛或仅沿中脉疏被微柔毛，叶背沿脉上被平展黄色柔毛，稀近无毛，侧脉 10 ～ 15 对，两面略突；小叶柄长 4 ～ 7 毫米，上面具槽，被柔毛。圆锥花序长 15 ～ 30 厘米，与叶近等长，被灰黄色微柔毛，序轴及分枝纤细，疏花；花黄绿色，雄花花梗纤细，长 1 ～ 3 毫米，雌花花梗短粗；花萼无毛，裂片卵形，长约 0.8 毫米，先端钝；花瓣长圆形，长约 2.5 毫米，宽约 1.2 毫米，具细密的褐色羽状脉纹，先端钝，开花时外卷；雄蕊长约 2.5 毫米，花丝线形，与花药等长或近等长，在雌花中较短，花药长圆形，花盘 5 浅裂，无毛；子房球形，直径约 1.5 毫米，花柱 3。果序下垂，核果肾形或椭圆形，不偏斜，略压扁，长 5 ～ 6 毫米，宽 7 ～ 8 毫米，先端锐尖，基部截形，外果皮黄色，无毛，具光泽，成熟后不裂，中果皮蜡质，具树脂道条纹，果核棕色，与果同形，坚硬；花期 5 ～ 6 月，果期 7 ～ 10 月。

【生境分布】 产于湖北咸丰、宣恩、鹤峰、利川、恩施、建始、巴东、五峰、秭归、兴山、神农架、房县、黄梅、英山、崇阳、武汉，生于海拔 480 ～ 2000 米的山坡林内，或栽培在村旁路边。

【含油量及理化性质】 种子含油量为 23.7%，脂肪酸组成主要是亚麻酸 48.65%、油酸 12.8%、亚油酸 25.08%、棕榈酸 7.92%、硬脂酸 3.86%，其他微量。

【利用情况】 树干韧皮部可割取生漆；干漆可作药；种子油可制油墨、肥皂；果皮可取蜡；叶可提制栲胶；叶、根可作土农药；木材供建筑用。

【繁殖与栽培技术】 种子繁殖。播种育苗：9 ～ 11 月霜降前树木落叶时采种较好。将采收的果实，摊晾 3 ～ 5 天，阴干后除去果梗和杂质，然后用磨子、碾子或石臼等擦烂果皮，除去果皮和杂质；最后将种子装袋干藏，或者沙藏至翌年春天播种。因种子外皮含蜡质，播种前应先将种子放入 70℃草木灰水（草木灰：水 =3 ：7）或 70℃碱面水（碱面 10 克、水 25 千克）中浸泡，待水冷却后搓去蜡皮，用水冲洗后，再用粗沙将种子揉搓 1 ～ 2 次；然后用清水漂净，捞出，最后用湿润的河沙进行层积催芽，至种子裂嘴后播种。秋播，保湿出苗，11 月后在塑料棚中越冬；春播，宜在清明前条播。移栽定植，在冬至后至翌年春分前进行。在育苗过程中，若发生象鼻虫危害枝梢嫩叶，以及蚜虫、金龟子等危害，可用 40% 乐果 400 ～ 600 倍稀释液或者 90% 敌百虫 800 倍稀释液喷施于枝梢、叶，防治效果较好。

【分析与评价】 漆树具有经济价值、药用价值和文化价值。漆树是一种木本油料树种，其种子含油量为 23.7%，果实含油量为 29.4%，果肉含油量为 24.8% ～ 45.7%。漆树种子榨油，可食用，尤其是未成熟的种子榨出的油富有营养，可供孕妇和产妇食用，也可制油墨和肥皂。漆树果皮可取蜡，作蜡烛、蜡纸。叶可提制栲胶。叶、根可作土农药。木材供建筑用。漆树树干韧皮部可割取生漆，这是一种优良的防腐、防锈的涂料，有不易氧化、耐酸、耐高温的性能，用于涂漆建筑物、家具、电线、广播器材等；而干漆在中药上有通经、驱虫、镇咳的功效；漆树酸是漆树汁液中的天然成分，具有一定毒性，也可当作强心剂用于医疗。

野漆

Toxicodendron succedaneum（C.B.Clarke）Ridley

【形态特征】落叶乔木或小乔木。小枝粗壮，无毛，顶芽大，紫褐色，外面近无毛。奇数羽状复叶互生，常集生于小枝顶端，无毛，长 25～35 厘米，有小叶 4～7 对，叶轴和叶柄圆柱形；叶柄长 6～9 厘米；小叶对生或近对生，坚纸质至薄革质，长圆状椭圆形、阔披针形或卵状披针形，长 5～16 厘米，宽 2～5.5 厘米，先端渐尖或长渐尖，基部多少偏斜，圆形或阔楔形，全缘，两面无毛，叶背常具白粉，侧脉 15～22 对，弧形上升，两面略突；小叶柄长 2～5 毫米。圆锥花序长 7～15 厘米，为叶长之半，多分枝，无毛；花黄绿色，直径约 2 毫米；花梗长约 2 毫米；花萼无毛，裂片阔卵形，先端钝，长约 1 毫米；花瓣长圆形，先端钝，长约 2 毫米，中部具不明显的羽状脉或近无脉，开花时外卷；雄蕊伸出，花丝线形，长约 2 毫米，花药卵形，长约 1 毫米；花盘 5 裂；子房球形，直径约 0.8 毫米，无毛，花柱 1，短，柱头 3 裂，褐色。核果扁球形，直径 7～10 毫米，先端偏离中心，外果皮薄，淡黄色，无毛，中果皮厚，蜡质，白色。花期 5～6 月，果期 7～10 月。

【生境分布】产于湖北来凤、咸丰、宣恩、利川、神农架，生于海拔 700～1300 米的山坡林中。

【含油量及理化性质】种子含油量为 25.8%，脂肪酸组成主要是油酸 55.69%、亚油酸 16.98%、棕榈酸 20.37%、硬脂酸 1.38%，其他微量。

【利用情况】根、叶及果可入药，种子油可制皂或掺杂干性油作油漆。树皮可制栲胶。树干乳液可代生漆用。木材坚硬致密，可作细工用材。

【繁殖与栽培技术】种子和埋根繁殖，并以埋根繁殖为主。播种育苗：9～10 月采种，干藏；春天播种前要对种子进行预处理，因为漆树种子外表被有一层坚硬的蜡质，透气透水性差，在一般条件下难以萌发。①可采用碱处理法，将种子放入纯碱或洗衣粉溶液中（种液比为 1：20），用力搓洗，直至种子变为黄白色或手捏感觉不再光滑时，用清水淘洗干净，再用冷水浸泡 24 小时，然后在 5℃低温条件下保湿储藏 20 天后即可播种。②可采用机械处理法，把野漆树种子放入石碾中碾除蜡质，筛去蜡粉后将种子放入温水或混有草木灰的水中，用力搓洗，除去种子表面蜡衣，再把脱蜡后的种子装入竹筐内催芽，每天用温水淋洗 1 次，10 天后约有 5% 种子裂口露白时即可播种。通过碱或机械处理的野漆树种子不仅发芽快，发芽率高，而且出苗整齐。苗圃地选土质肥沃、深厚，排水良好，通风向阳的地块。埋根繁殖：在野漆树周围，挖取部分根茎，或在起苗移栽时，取部分直径大于 5 mm 的须根，截成 15 cm 长，并按粗细分级，分别埋插在苗圃中，埋插后稍按压即可。选择土层深厚、肥沃的土壤栽植，一年四季均可移栽，但以春栽、秋栽的效果最好。挖穴栽植后要浇足定根水，施好定根肥，并用秸秆覆盖树盘，以利于保墒，提高成活率。

【分析与评价】根、叶及果入药，有清热解毒、散瘀生肌、止血、杀虫之效，可治跌打骨折、湿疹疮毒、毒蛇咬伤，又可治尿血、血崩、白带、外伤出血、子宫下垂等症。种子油可制皂或掺杂干性油作油漆。中果皮之蜡可制蜡烛、膏药和发蜡等。树皮可提栲胶。树干乳液可代生漆用。木材坚硬致密，可作细工用材。

木蜡树

Toxicodendron sylvestre（Siebold & Zuccarini）Kuntze

【形态特征】落叶乔木或小乔木。幼枝和芽被黄褐色绒毛，树皮灰褐色。奇数羽状复叶互生，有小叶 3 ～ 6 对，稀 7 对，叶轴和叶柄圆柱形，密被黄褐色绒毛；叶柄长 4 ～ 8 厘米；小叶对生，纸质，卵形或卵状椭圆形或长圆形，长 4 ～ 10 厘米，宽 2 ～ 4 厘米，先端渐尖或急尖，基部不对称，圆形或阔楔形，全缘，叶面中脉密被卷曲微柔毛，其余被平伏微柔毛，叶背密被柔毛或仅脉上较密，侧脉 15 ～ 25 对，两面突起，细脉在叶背略突；小叶无柄或具短柄。圆锥花序长 8 ～ 15 厘米，密被锈色绒毛，总梗长 1.5 ～ 3 厘米；花黄色，花梗长 1.5 毫米，被卷曲微柔毛；花萼无毛，裂片卵形，长约 0.8 毫米，先端钝；花瓣长圆形，长约 1.6 毫米，具暗褐色脉纹，无毛；雄蕊伸出，花丝线形，长约 1.5 毫米，花药卵形，长约 0.5 毫米，无毛，在雌花中雄蕊较短，花丝钻形；花盘无毛；子房球形，直径约 1 毫米，无毛。核果极偏斜，压扁，先端偏于一侧，长约 8 毫米，宽 6 ～ 7 毫米，外果皮薄，具光泽，无毛，成熟时不裂，中果皮蜡质，果核坚硬。花期 5 ～ 6 月，果期 7 ～ 10 月。

【生境分布】产于湖北来凤、咸丰、宣恩、鹤峰、利川、兴山、神农架、崇阳、通山、罗田、武汉，生于海拔 250 ～ 850 米的山地疏林中。

【含油量及理化性质】种子含油量为 22.9%，脂肪酸组成主要是亚麻酸 17%、油酸 42.66%、亚油酸 25.83%、棕榈酸 8.43%、硬脂酸 3.42%，其他微量。

【利用情况】种子油可制肥皂、油墨及油漆。

【繁殖与栽培技术】种子繁殖。10 月采种，用力搓洗种子直至变为黄白色或手捏感觉不再光滑时，用清水淘洗干净，再用冷水浸泡 24 小时，然后在 5℃低温条件下保湿储藏 20 天左右，种子裂口露白时即可播种。

【分析与评价】木蜡树为中国植物图谱数据库收录的有毒植物，其树液有毒，有毒成分与中毒症状均和漆树相似。种子油可制肥皂、油墨及油漆。

盐麸木
Rhus chinensis Miller

【形态特征】落叶小乔木或灌木。小枝棕褐色，被锈色柔毛，具圆形小皮孔。奇数羽状复叶，有小叶（2）3～6对，叶轴具宽的叶状翅，小叶自下而上逐渐增大，叶轴和叶柄密被锈色柔毛；小叶多形，卵形或椭圆状卵形或长圆形，长6～12厘米，宽3～7厘米，先端急尖，基部圆形，顶生小叶基部楔形，边缘具粗锯齿或圆齿，叶面暗绿色，叶背粉绿色，被白粉，叶面沿中脉疏被柔毛或近无毛，叶背被锈色柔毛，脉上较密；小叶无柄。圆锥花序宽大，多分枝，雄花序长30～40厘米，雌花序较短，密被锈色柔毛；苞片披针形，长约1毫米，被微柔毛，小苞片极小，花白色，花梗长约1毫米，被微柔毛。雄花：花萼外面被微柔毛，裂片长卵形，长约1毫米，边缘具细睫毛；花瓣倒卵状长圆形，长约2毫米，开花时外卷；雄蕊伸出，花丝线形，长约2毫米，无毛，花药卵形，长约0.7毫米；子房不育。雌花：花萼裂片较短，长约0.6毫米，外面被微柔毛，边缘具细睫毛；花瓣椭圆状卵形，长约1.6毫米，边缘具细睫毛，里面下部被柔毛；雄蕊极短；花盘无毛；子房卵形，长约1毫米，密被白色微柔毛，花柱3，柱头头状。核果球形，略压扁，直径4～5毫米，被具节柔毛和腺毛，成熟时红色，果核直径3～4毫米。花期8～9月，果期10月。

【生境分布】产于湖北各地，生于海拔1800米以下的林内或灌丛中。

【含油量及理化性质】种子含油量为26.14%，脂肪酸组成主要是亚麻酸8.47%、油酸26.13%、亚油酸29.77%、棕榈酸18.84%、硬脂酸7.6%，其他微量。

【利用情况】盐麸木叶片上寄生五倍子蚜虫而形成的虫瘿"五倍子"是著名的中药和原料。根也可药用。花入药为"盐麸木花"。果实入药为"盐麸子"。种子可榨油。

【繁殖与栽培技术】种子和压根繁殖。播种育苗：10月采种，次年3月上旬至4月上中旬播种。播种前将种子用20℃温水浸泡24小时，再用40～50℃温水加入草木灰调成糊状，搓洗盐麸木种子，然后用15%～20%石灰水浸泡3～5天后摊放在簸箕上，盖上草帘，每天淋水一次，待种子露白后即可播种。

每亩用种量为12公斤左右，覆土厚度以不见种子为宜；最后用松针或谷壳撒盖，喷洒清粪水至湿透苗床为止。幼苗出土前保持苗床湿润。压根繁殖：将盐麸木的根挖出来，切成1尺左右长的根段，再选取合适地块将根段栽埋，注意根段高出地面3～4寸。压根繁殖法成活率高，生长快。

【分析与评价】盐麸木适应性强，生长快，耐干旱瘠薄，根蘗萌发力强，秋叶红色，甚美丽，可为秋景增色，是重要的造林及园林绿化树种，也是废弃地（如烧制石灰的煤渣堆放地）植物恢复的先锋树种。盐麸木叶片上寄生五倍子蚜虫而形成的虫瘿"五倍子"是著名的中药和原料，可供提取单宁及药用。根也可药用。花入药为"盐麸木花"，治鼻疳、痈毒溃烂。果实入药为"盐麸子"，有生津润肺、降火化痰、敛汗、止痢的功效，治痰嗽、喉痹、黄疸、盗汗、痢疾、顽癣、痈毒、头风白屑。种子可榨油。枝叶可做绿肥。盐麸木的嫩茎、叶可作为野生蔬菜食用，也是山区群众养猪的野生饲料。花是初秋的优质蜜粉源。幼枝和叶可作土农药。果实泡水可代醋用，生食酸咸止渴。

大叶桂樱

Laurocerasus zippeliana（Miquel）Browicz

【形态特征】 常绿乔木。小枝灰褐色至黑褐色，具明显小皮孔，无毛。叶片革质，宽卵形至椭圆状长圆形或宽长圆形，长 10～19 厘米，宽 4～8 厘米，先端急尖至短渐尖，基部宽楔形至近圆形，叶边缘具稀疏或稍密粗锯齿，齿顶有黑色硬腺体，两面无毛，侧脉明显，7～13 对；叶柄长 1～2 厘米，粗壮，无毛，有 1 对扁平的基腺；托叶线形，早落。总状花序单生或 2～4 个簇生于叶腋，长 2～6 厘米，被短柔毛；花梗长 1～3 毫米；苞片长 2～3 毫米，位于花序最下面者常在先端 3 裂而无花；花直径 5～9 毫米；花萼外面被短柔毛；萼筒钟形，长约 2 毫米；萼片卵状三角形，长 1～2 毫米，先端圆钝；花瓣近圆形，长约为萼片 2 倍，白色；雄蕊 20～25，长 4～6 毫米；子房无毛，花柱几与雄蕊等长。果实长圆形或卵状长圆形，长 18～24 毫米，宽 8～11 毫米，顶端急尖并具短尖头；黑褐色，无毛，核壁表面稍具网纹。花期 7～10 月，果期冬季。

【生境分布】产于湖北宜昌、竹溪等地。大叶桂樱为阳性树种，生于海拔 1100 米以下山谷两岸山坡杂林间。武汉有栽培。

【含油量及理化性质】 种子含油量为 26%～52.9%，脂肪酸组成主要是花生油酸 45.76%、油酸 17.62%、亚油酸 10.9%、棕榈酸 4.34%、亚麻酸 10.19%，其他微量。

【利用情况】 在浙江一带作为新优绿化园林树种推广。种子药用。

【繁殖与栽培技术】 种子和扦插繁殖。播种育苗：冬季采种，可随采随播，也可湿沙藏至 5 月下旬至 6 月上旬播种，发芽率高。扦插繁殖：于 6 月或 9 月，选取当年生枝条剪取穗，插穗长 6～8 厘米，带 2 个半片叶，底端平切口；扦插基质为灭菌过筛的黄心土或珍珠岩；扦插后需覆农膜保湿。大叶桂樱为阳性树种，幼苗较耐阴；同时为深根性树种，萌芽力较强；喜温暖、湿润气候，在土层深厚、肥沃、排水良好的地方生长较好。

【分析与评价】 常绿阔叶树种，其树形优美，枝繁叶茂，叶大且叶色清新发亮；花白色芳香，花序密集在枝头似桂花；果实颜色随季节变化丰富，从幼时绿色转红色，完全成熟时呈紫红色，果大，适合冬春时节观果，观赏性极强，它是集观叶、观花、观果及观干于一体的园林绿化栽培树种，具有较大的发展潜力。此外，大叶桂樱也是很好的蜜源植物。种子药用，有止咳平喘、温经止痛之功效，可治寒嗽、寒喘、痛经等症。

毛叶石楠

Photinia villosa（Thunberg）Candolle

【形态特征】 落叶灌木或小乔木。小枝幼时有白色长柔毛，以后脱落无毛，灰褐色，有散生皮孔；冬芽卵形，长2毫米，鳞片褐色，无毛。叶片草质，倒卵形或长圆状倒卵形，长3～8厘米，宽2～4厘米，先端尾尖，基部楔形，边缘上半部具密生尖锐锯齿，两面初有白色长柔毛，以后上面逐渐脱落几无毛，仅下面叶脉有柔毛，侧脉5～7对；叶柄长1～5毫米，有长柔毛。花10～20朵，顶生伞房花序，直径3～5厘米；总花梗和花梗有长柔毛；花梗长1.5～2.5厘米，在果期具疣点；苞片和小苞片钻形，长1～2毫米，早落；花直径7～12毫米；萼筒杯状，长2～3毫米，外面有白色长柔毛；萼片三角卵形，长2～3毫米，先端钝，外面有长柔毛，内面有毛或无毛；花瓣白色，近圆形，直径4～5毫米，外面无毛，内面基部具柔毛，有短爪；雄蕊20，较花瓣短；花柱3，离生，无毛，子房顶端密生白色柔毛。果实椭圆形或卵形，长8～10毫米，直径6～8毫米，红色或黄红色，稍有柔毛，顶端有直立宿存萼片。花期4月，果期8～9月。

【生境分布】 产于湖北神农架、通山，生于海拔540米的沟边。

【含油量及理化性质】 种仁含油量达56.46%，脂肪酸组成主要是油酸26.88%、亚油酸10.33%、亚麻酸28.27%、棕榈酸16.8%、硬脂酸7.07%，其他微量。

【利用情况】 根、果供药用。

【繁殖与栽培技术】 种子繁殖。9月采种，随采随播。

【分析与评价】 该种目前尚处于未开发状态；根、果供药用，有除湿热、止吐泻作用。

水青冈
Fagus longipetiolata Seemen

【形态特征】落叶乔木。冬芽长达20毫米，小枝的皮孔狭长圆形或兼有近圆形。叶长9～15厘米，宽4～6厘米，稀较小，顶部短尖至短渐尖，基部宽楔形或近于圆形，有时一侧较短且偏斜，叶缘波浪状，有短的尖齿，侧脉每边9～15条，直达齿端，开花期的叶沿叶背中、侧脉被长伏毛，其余被微柔毛，结果时因毛脱落变无毛或几无毛；叶柄长1～3.5厘米。总梗长1～10厘米；壳斗4瓣裂，裂瓣长20～35毫米，稍增厚的呈木质；小苞片线状，向上弯钩，位于壳斗顶部的长达7毫米，下部的较短，与壳壁相同均被灰棕色微柔毛，壳壁的毛较长且密，通常有坚果2个；坚果比壳斗裂瓣稍短或等长，脊棱顶部有狭而略延伸的薄翅。花期4～5月，果期9～10月。

【生境分布】产于湖北利川、鹤峰、建始、长阳、兴山，生于海拔800～2100米的山坡密林中。水青冈喜生于湿润荫蔽的溪谷中或山坡，在砂质壤土及石灰质壤土中生长良好。

【含油量及理化性质】种子含油量为20%～42.8%，脂肪酸组成主要是亚麻酸1.96%、油酸55.2%、亚油酸29.22%、棕榈酸6.93%、硬脂酸3.72%，其他微量。

【利用情况】木材可供建筑及作家具等用。种子可食用，或榨油。

【繁殖与栽培技术】种子繁殖。10月采种，湿沙藏至次年3月下旬至4月上旬播种。

【分析与评价】水青冈春季开花，雌雄同株，喜光，喜水湿，喜温暖气候，根系发达，有根瘤，固氮能力强，对土壤适应性强，多生于河滩低湿地，速生，秋季叶变黄，非常美，可用于园林观赏。木材可供建筑及作家具、器具柄、枪托、造船、枕木等使用，可作优良地板材。种子含油量为20%～42.8%，可食用，或制油漆。

天师栗

Aesculus chinensis var. *wilsonii*（Rehder）Turland & N. H. Xia　　别名：七叶树

【形态特征】落叶乔木，常高 15～20 米，稀达 25 米，树皮平滑，灰褐色，常成薄片脱落。小枝圆柱形，紫褐色，嫩时密被长柔毛，渐老时脱落，有白色圆形或卵形皮孔。冬芽腋生于小枝的顶端，卵圆形，长 1.5～2 厘米，栗褐色，有树脂，外部的 6～8 枚鳞片常排列成覆瓦状。掌状复叶对生，叶柄长 10～15 厘米，嫩时微有短柔毛，渐老时无毛；小叶 5～7 枚，稀 9 枚，长圆倒卵形、长圆形或长圆倒披针形，先端锐尖或短锐尖，基部阔楔形或近于圆形，稀近于心形，边缘有很密的、微内弯的、骨质硬头的小锯齿，长 10～25 厘米，宽 4～8 厘米，上面深绿色，有光泽，除主脉基部微有长柔毛外其余部分无毛，下面淡绿色，有灰色绒毛或长柔毛，嫩时较密，侧脉 20～25 对在上面微凸起，在下面很显著地凸起，小叶柄长 1.5～2.5 厘米，稀达 3 厘米，微有短柔毛。花序顶生，直立，圆筒形，长 20～30 厘米，总花梗长 8～10 厘米，基部的小花序长 3～4 厘米，稀达 6 厘米；花梗长 5～8 毫米。花有很浓的香味，杂性，雄花与两性花同株，雄花多生于花序上部，两性花生于其下部，不整齐；花萼管状，长 6～7 毫米，外面微有短柔毛，上部浅五裂，裂片大小不等，钝形，长 1～2 毫米，微有纤毛；花瓣 4，倒卵形，长 1.2～1.4 厘米，外面有绒毛，内面无毛，边缘有纤毛，白色，前面的 2 枚花瓣匙状长圆形，上部宽 3 毫米，有黄色斑块，基部狭窄呈爪状，花瓣上部宽 4.5～5 毫米，基部楔形；雄蕊 7，伸出花外，长短不等，最长者为 3 厘米，花丝扁形，无毛，花药卵圆形，长 1.3 毫米；花盘微裂，无毛，两性花的子房上位，卵圆形，长 4～5 毫米，有黄色绒毛，3 室，每室有 2 枚胚珠，花柱除顶端无毛外，其余部分有长柔毛，连同子房长约 3 厘米，在雄花中不发育或微发育。蒴果黄褐色，卵圆形或近于梨形，长 3～4 厘米，顶端有短尖头，无刺，有斑点，壳很薄，干时仅厚 1.5～2 毫米，成熟时常 3 裂；种子常仅 1 枚，稀 2 枚，发育良好，近于球形，直径 3～3.05 厘米，栗褐色，种脐淡白色，近于圆形，比较狭小，占种子的 1/3 以下。花期 4～5 月，果期 9～10 月。

【生境分布】产于鄂西山区。生于海拔 400～1800 米的阔叶林中，天师栗喜光，稍耐阴，喜温暖气候，也能耐寒，喜深厚、肥沃、湿润而排水良好的土壤。

【含油量及理化性质】种子含油量为 28.4%，脂肪酸组成主要是亚麻酸 0.85%、油酸 4.93%、亚油酸 83.05%、棕榈酸 6.42%、硬脂酸 3.34%，其他微量。

【利用情况】世界著名的观赏树种。木材细密可制造各种器具。蒴果可作药。种子榨油可制造肥皂，种子可提取淀粉，也可食用。

【繁殖与栽培技术】种子繁殖。播种育苗：中秋时节，天师栗果实外皮变成棕黄色，并有个别果实开裂时即可采收。果实采收后进行阴干，待其自然开裂后剥去外皮，并选留个大、饱满、色泽光亮、无病虫害、无机械损伤的种子。将筛选出的纯净种子与湿沙按照 1：3 的比例混匀，然后湿藏层积在湿润、排水良好、留有通气孔的土坑中。选择土层深厚、肥沃、排水良好的中性或微酸性砂质壤土做育苗圃地，播种前对其提前 2～3 个月进行深翻，清除杂Script并晾墒；播种前再次细致整地，使地面平坦、土粒粗细均匀；每亩育苗圃地施入 2500 公斤腐熟的牛马粪作基肥，并用五氯硝基苯对土壤进行消毒。春播，3 月下旬条状点播，株行距为 20 厘米 ×25 厘米，深度为 3～4 厘米；播种时种脐朝下，覆土 4 厘米，覆土与畦面平，用脚轻轻踩踏，播种量为150公斤/亩。种子发芽前要保持土壤湿润，1个月后出土；要及时除草，保证苗地内无杂草；当苗高大于25厘米时，要松土、除草，并且在阴雨天进行间苗。幼苗生长期，要保持围地湿润，从苗木出土到6月上旬是七叶树高生长期，要增大浇水量；7～8月为七叶树苗木质化期，应减少浇水量，促进苗木地茎生长和木质化。夏季雨天要及时将围地内的积水排出，防止烂根。在幼苗期管理过程中，可于苗木速生期追施尿素，苗木生长停止前1个月应施入磷钾肥。幼苗施肥宜遵循薄肥多施的原则。

【分析与评价】天师栗树干耸直，冠大阴浓，初夏繁花满树，硕大的白色花序似一盏华丽的烛台，蔚然可观，果形奇特，其树形优美，花大秀丽，是观叶、观花、观果不可多得的树种，为世界著名的观赏树种之一，是优良的行道树和庭园树，可作人行步道、公园、广场绿化树种，既可孤植也可群植，或与常绿树和阔叶树混种。天师栗的药用价值很高，其树皮用于治疗急慢性胃炎、胃寒疼痛，种子可治胸脘胀痛、疳积、痢疾，有安神、理气、杀虫等作用。叶芽可代茶饮，皮、根可制肥皂，叶、花可做染料，种子可提取淀粉、榨油，也可食用，但直接吃味道苦涩，需用碱水煮后方可食用，味如板栗。木材质地轻、细密，可用来造纸、雕刻、制作家具及工艺品等。

宜昌荚蒾
Viburnum erosum Thunberg

【形态特征】 落叶灌木，高达 3 米；当年生小枝连同芽、叶柄和花序均密被簇状短毛和简单长柔毛，二年生小枝灰紫褐色，无毛。叶纸质，形状变化很大，卵状披针形、卵状矩圆形、狭卵形、椭圆形或倒卵形，长 3～11 厘米，顶端尖、渐尖或急渐尖，基部圆形、宽楔形或微心形，边缘有波状小尖齿，上面无毛或疏被叉状或簇状短伏毛，下面密被由簇状毛组成的绒毛，近基部两侧有少数腺体，侧脉 7～10（14）对，直达齿端；叶柄长 3～5 毫米，被粗短毛，基部有 2 枚宿存、钻形小托叶。复聚伞花序生于具 1 对叶的侧生短枝之顶，直径 2～4 厘米，总花梗长 1～2.5 厘米，第一级辐射枝通常 5 条，花生于第二至第三级辐射枝上，常有长梗；萼筒筒状，长约 1.5 毫米，被绒毛状簇状短毛，萼齿卵状三角形，顶钝，具缘毛；花冠白色，直径约 6 毫米，无毛或近无毛，裂片圆卵形，长约 2 毫米；雄蕊略短于至长于花冠，花药黄白色，近圆形；花柱高出萼齿。果实红色，宽卵圆形，长 6～7（9）毫米；核扁，具 3 条浅腹沟和 2 条浅背沟。花期 4～5 月，果期 8～10 月。

【生境分布】 产于鄂西山区。生于海拔 300～1300 米的山坡林下或灌丛中。

【含油量及理化性质】 种子含油量达 40%，脂肪酸组成主要是亚麻酸 2.94%、油酸 21.63%、亚油酸 30.37%、棕榈酸 29.36%、硬脂酸 13.63%，其他微量。

【利用情况】 处于野生状态，目前还未被开发利用。

【繁殖与栽培技术】 种子繁殖。9～10 月采种，湿沙藏至次年 3 月下旬至 4 月上旬播种。

【分析与评价】 处于野生状态，目前还未被开发利用。种子榨油，可作工业用油，供制肥皂和润滑油。茎皮纤维可制绳索及造纸，枝条供编织用。根药用，具有祛风、除湿之功效，常用于风湿痹痛。

茶荚蒾
Viburnum setigerum Hance

【形态特征】 落叶灌木，高达 4 米；芽及叶干后变黑色、黑褐色或灰黑色；当年生小枝浅灰黄色，多少有棱角，无毛，二年生小枝灰色、灰褐色或紫褐色。冬芽长度通常不足 5 毫米，最长可达 1 厘米，无毛，外面 1 对鳞片为芽体长的 1/3 ~ 1/2。叶纸质，卵状矩圆形至卵状披针形，稀卵形或椭圆状卵形，长 7 ~ 12（15）厘米，顶端渐尖，基部圆形，边缘除基部外疏生尖锯齿，上面初时中脉被长纤毛，后变无毛，下面仅中脉及侧脉被浅黄色贴生长纤毛，近基部两侧有少数腺体，侧脉 6 ~ 8 对，笔直而近并行，伸至齿端，上面略凹陷，下面显著凸起；叶柄长 1 ~ 1.5（2.5）厘米，有少数长伏毛或近无毛。复聚伞花序无毛或稍被长伏毛，有极小红褐色腺点，直径 2.5 ~ 4（5）厘米，常弯垂，总花梗长 1 ~ 2.5（3.5）厘米，第一级辐射枝通常 5 条，花生于第三级辐射枝上，有梗或无，芳香；萼筒长约 1.5 毫米，无毛和腺点，萼齿卵形，长约 0.5 毫米，顶钝形；花冠白色，干后变茶褐色或黑褐色，辐条状，直径 4 ~ 6 毫米，无毛，裂片比筒长，卵形，长约 2.5 毫米；雄蕊与花冠几等长，花药圆形，极小；花柱低于萼齿。果序弯垂，果实红色，卵圆形，长 9 ~ 11 毫米；核甚扁，卵圆形，长 8 ~ 10 毫米，直径 5 ~ 7 毫米，凹凸不平，腹面扁平或略凹陷。花期 4 ~ 5 月，果期 9 ~ 10 月。

【生境分布】 产于湖北来凤、咸丰、宣恩、鹤峰、利川、恩施、建始、巴东、五峰、宜昌、秭归、神农架、崇阳、通山、赤壁，生于海拔 1800 米以下山坡林中。

【含油量及理化性质】 种子含油量为 28.7% ~ 30%，脂肪酸组成主要是油酸 81.24%、亚油酸 12.97%、棕榈酸 3.87%、硬脂酸 1.14%，其他微量。

【利用情况】 处于野生状态，目前还未被开发利用。果核可榨油。

【繁殖与栽培技术】 种子繁殖。9 ~ 10 月采种，清水洗去外果皮，直接播于苗床。

【分析与评价】 茶荚蒾枝叶扶疏，潇洒轻盈，点点白花衬托紫红花萼，呈辐射状铺展在花序之上，组成一团团花簇，秀丽动人，果熟时粒粒殷红，烂漫如锦，宜栽植在墙隅、亭旁或丛植于常绿林缘，均甚相宜。根及果实可供药用。

铁坚油杉

Keteleeria davidiana (Bertrand) Beissner

【形态特征】乔木，高达 50 米，胸径达 2.5 米；树皮粗糙，暗深灰色，深纵裂；老枝粗，平展或斜展，树冠广圆形；一年生枝有毛或无毛，淡黄灰色、淡黄色或淡灰色，二、三年生枝呈灰色或淡褐色，常有裂纹或裂成薄片；冬芽卵圆形，先端微尖。叶条形，在侧枝上排列成两列，长 2～5 厘米，宽 3～4 毫米，先端圆钝或微凹，基部渐窄成短柄，上面光绿色，无气孔线或中上部有极少的气孔线，下面淡绿色，沿中脉两侧各有气孔线 10～16 条，微有白粉，横切面上面有一层不连续排列的皮下层细胞，两端边缘二层，下面两侧边缘及中部一层；幼树或萌生枝有密毛，叶较长，长达 5 厘米，宽约 5 毫米，先端有刺状尖头。球果圆柱形，长 8～21 厘米，直径 3.5～6 厘米；中部的种鳞卵形或近斜方状卵形，长 2.6～3.2 厘米，宽 2.2～2.8 厘米，上部圆或窄长而反转，边缘向外反转，有微小的细齿，鳞背露出部分无毛或疏生短毛；鳞苞上部近圆形，先端三裂，中裂窄，渐尖，侧裂圆而有明显的钝尖头，边缘有细缺齿，鳞苞中部窄短，下部稍宽；种翅中下部或近中部较宽，上部渐窄；子叶通常 3～4 枚，但 2～3 枚连合，子叶柄长约 4 毫米，淡红色；初生叶 7～10 枚，鳞形，近革质，长约 2 毫米，淡红色。传粉期 4 月，种子 10 月成熟。

【生境分布】产于湖北恩施、利川、兴山、长阳、神农架，生于海拔 600～1500 米的酸性土壤、红壤或石灰岩山地及微钙质土地区。

【含油量及理化性质】种子含油量达 47.9%，脂肪酸组成主要是油酸 50.9%、亚油酸 30.2%、棕榈酸 7.3%、硬脂酸 1.9%，其他微量。

【利用情况】中低山造林树种。

【繁殖与栽培技术】种子繁殖。

【分析与评价】铁坚油杉为我国特有树种，生长迅速，在其分布区内可选作造林树种。

华山松

Pinus armandii Franchet

【形态特征】 常绿乔木，高达 35 米，胸径 1 米；幼树树皮灰绿色或淡灰色，平滑，老树呈灰色，裂成方形或长方形厚块片固着于树干上，或脱落；枝条平展，形成圆锥形或柱状塔形树冠；一年生枝绿色或灰绿色，无毛，微被白粉；冬芽近圆柱形，褐色，微具树脂，芽鳞排列疏松。针叶 5 针一束，稀 6～7 针一束，长 8～15 厘米，直径 1～1.5 毫米，边缘具细锯齿，仅腹面两侧各具 4～8 条白色气孔线；横切面三角形，单层皮下层细胞，树脂道通常 3 个，中生或背面 2 个边生，腹面 1 个中生，稀具 4～7 个树脂道，则中生与边生兼有；叶鞘早落。雄球花黄色，卵状圆柱形，长约 1.4 厘米，基部围有近 10 枚卵状匙形的鳞片，多数集生于新枝下部成穗状，排列较疏松。球果圆锥状长卵圆形，长 10～20 厘米，直径 5～8 厘米，幼时绿色，成熟时黄色或褐黄色，种鳞张开，种子脱落，果梗长 2～3 厘米；中部种鳞近斜方状倒卵形，长 3～4 厘米，宽 2.5～3 厘米，鳞盾近斜方形或宽三角状斜方形，不具纵脊，先端钝圆或微尖，不反曲或微反曲，鳞脐不明显；种子黄褐色、暗褐色或黑色，倒卵圆形，长 1～1.5 厘米，直径 6～10 毫米，无翅或两侧及顶端具棱脊，稀具极短的木质翅；子叶 10～15 枚，针形，横切面三角形，长 4～6.4 厘米，直径约 1 毫米，先端渐尖，全缘或上部棱脊微具细齿；初生叶条形，长 3.5～4.5 厘米，宽约 1 毫米，上下两面均有气孔线，边缘有细锯齿。传粉期 4～5 月，种子第二年 9～10 月成熟。

【生境分布】 产于湖北利川、恩施、建始、鹤峰、巴东、五峰、兴山、宜昌、竹溪、红安、神农架，生于海拔 1000～2800 米的山地。华山松为喜光树种，幼时稍耐阴，喜气候温凉而湿润、酸性黄壤、黄褐壤土或钙质土。神农架林区现在有大面积的华山松群落。

【含油量及理化性质】 种子含油量达 54.6%，脂肪酸组成主要是亚麻酸 7.38%、油酸 8.53%、亚油酸 75.28%、棕榈酸 6.08%、硬脂酸 1.47%，其他微量。

【利用情况】优质建筑木材和家具用材；花粉药用；松香、松节油为工业上重要原料；种子可食，也可榨油。

【繁殖与栽培技术】种子繁殖。播种育苗：种子 9 月上中旬成熟，采收后堆放 5～7 天，再摊开曝晒 3～4 天，待果鳞大部分张开，经常翻动敲打使种子脱出。脱出的种子不能曝晒，要及时拣净阴干后装入麻袋，储藏在凉爽通风的地方。种子当年发芽率可达 85% 以上，但隔年种子发芽率很低。播种时间宜在清明节前后，播种后用塑料薄膜覆盖保湿保温，出苗比较整齐；土壤以疏松、微酸、排水良好的砂质壤土为宜。为了加速华山松种子的萌发过程，减少发芽期的鸟鼠危害及管理费用，提高出苗率，通常在播种前进行催芽处理。一是浸种催芽，先用冷水浸种 5 天（每天换水）或 60℃温水浸种至自然冷却后再浸泡 3 天（每天换水），然后置于背风向阳处，盖上薄膜保温催芽，每天翻动淋水 1 次，待有 1/5 的种子露白时播种。二是冬季常规混沙层积沙藏，然后在播种前取出，置于温暖处盖农用薄膜催芽 7～10 天，每天用 40℃温水浇淋 1 次并经常翻动，可加速催芽，切记不可有积水，待有 1/5 种子露白时播种。早春造林，成活率高，效果好。

【分析与评价】华山松生长较快而材质优良，是很好的建筑木材和工业原料。松木材质轻软，纹理细致，易于加工，而且耐水、耐腐，有"水浸千年松"的声誉，是名副其实的栋梁之材，可作家具、雕刻、胶合板、枕木、电杆、车船和桥梁用材；粗锯屑可作纸浆原料。华山松的花粉，在医学上称为"松黄"，浸酒温服，有医治创伤出血的功效，还可作预防汗疹的爽身粉。用快刀切开华山松树干的皮层，流出的松脂经分馏分离出挥发性的松节油后，即为坚硬透明呈琥珀色的松香。松香、松节油在工业上也是重要原料。树皮含单宁 12% ～ 23%，可提炼栲胶；沉积的天然松香渣可提炼柴油、凡士林、人造石油等。种子粒大，含油量高，种仁内蛋白质含量为 17.83%，常作干果炒食，味美清香。松籽油属干性油，是工业上制皂、硬化油、调制漆和润滑油的重要原料。针叶除可蒸馏提炼芳香油（其精油中的龙脑酯含量比马尾松油高，味香）外，还可用于造酒、制隔音板、造纸、人造棉毛和制绳等。此外，华山松还能直接为人类提供多种林副产品，如茯苓和松草；松针内含有畜禽生长所需的 20 多种有效营养成分，其中粗蛋白含量接近10%，胡萝卜素和维生素 C、维生素 E、维生素 D、叶绿素等含量均极丰富，还含有一定量的粗脂肪、矿物质、有机酸和抗生素，因此松针粉是优良的家畜饲料。每公斤松针的热值近 5000 卡（1 卡 =4.18焦耳），在蛋鸡饲料中添加 5% 松针粉，可提高产蛋率；在奶牛饲料中添加 10% 松针粉，可提高产牛奶量。

马尾松
Pinus massoniana Lambert

【形态特征】常绿乔木，高达 45 米，胸径 1.5 米；树皮红褐色，下部灰褐色，裂成不规则的鳞状块片；枝平展或斜展，树冠宽塔形或伞形，淡黄褐色，无白粉或稀有白粉，无毛；冬芽卵状圆柱形或圆柱形，褐色，顶端尖，芽鳞边缘丝状，先端尖或成渐尖的长尖头，微反曲。针叶 2 针一束，稀 3 针一束，长 12～20 厘米，细柔，微扭曲，两面有气孔线，边缘有细锯齿；横切面皮下层细胞单型，第一层连续排列，第二层由个别细胞断续排列而成，树脂道 4～8 个，在背面边生，或腹面也有 2 个边生；叶鞘初呈褐色，后渐变成灰黑色，宿存。雄球花淡红褐色，圆柱形，弯垂，长 1～1.5 厘米，聚生于新枝下部苞腋，穗状，长 6～15 厘米；雌球花单生或 2～4 个聚生于新枝近顶端，淡紫红色，一年生小球果圆球形或卵圆形，直径约 2 厘米，褐色或紫褐色，上部珠鳞的鳞脐具向上直立的短刺，下部珠鳞的鳞脐平钝无刺。球果卵圆形或圆锥状卵圆形，长 4～7 厘米，直径 2.5～4 厘米，有短梗，下垂，成熟前绿色，熟时栗褐色，陆续脱落；中部种鳞近矩圆状倒卵形，或近长方形，长约 3 厘米；鳞盾菱形，微隆起或平，横脊微明显，鳞脐微凹，无刺，生于干燥环境者常具极短的刺；种子长卵圆形，长 4～6 毫米，连翅长 2～2.7 厘米；子叶 5～8 枚；长 1.2～2.4 厘米；初生叶条形，长 2.5～3.6 厘米，叶缘具疏生刺毛状锯齿。传粉期 4～5 月，种子第二年 10～12 月成熟。

【生境分布】产于湖北各地。生于海拔 1200 米以下的山地、丘陵。马尾松喜光，耐干旱、贫瘠，为深根性树种，适应酸性土壤或生于岩石缝中，为荒山植被恢复的先锋树种。

【含油量及理化性质】种子含油量为 39.45%，脂肪酸组成主要是亚麻酸 1.79%、油酸 30.96%、亚油酸 52.11%、棕榈酸 6.66%、硬脂酸 3.43%，其他微量。

【利用情况】荒山造林树种。木材供建筑、矿柱、水中工程用材。树干可割取松脂，树干及根部可培养茯苓。

【繁殖与栽培技术】种子繁殖。播种育苗：种子 10 月中旬至 12 月上旬采收，堆积在阴湿处，浇透 40℃左右的温水，上面盖草后每隔 2～3 天浇水 1 次，经 15～20 天球果变为黑褐色；晴天摊晒，以加速鳞片开裂，勤翻动，7～10 天果鳞开裂，种子脱落后放在通风干燥处储藏。选择地势平坦、排灌方便、光照充足、微酸性的砂质壤土或轻黏壤土作为苗圃地。播种前细致整地，要求适当浅耕（深度为 16～18 厘米），在耕耙的同时施足基肥。在修筑苗床前，为了预防立枯病和地下害虫，应进行土壤消毒，通常每亩撒施敌百虫和多菌灵粉剂 2～3 公斤。采用高床育苗，一般床高 15～21 厘米，宽 100～115 厘米，苗床方向依地形而定，但以南北向为好；床面要求土细、平整，最好做成略呈拱面式，以利于排水；步道要直，严防有积水情况发生。播种前应进行种子消毒，通常采用 0.5% 硫酸铜溶液浸种 4～6 小时；轻轻镇压床面后，撒播、覆土 0.5～0.8 厘米，覆土要匀且稍加镇压，随即盖草，保持苗床湿润，以利于种子萌发。20～30 天后种子陆续发芽，此时应适量分批揭草，并做好苗间除草、松土、浇水等管护工作。间苗宜在雨后天晴、阴天或灌溉后进行。在育苗过程中，若发生松苗猝倒病害，应及时喷洒敌克松 500 ～ 800 倍液防治。

【分析与评价】 马尾松为长江流域以南重要的荒山造林先锋树种。其材质致密，多油脂，耐久用，可供建筑、矿柱、水中工程用材、家具及木纤维工业（人造丝浆及造纸）原料等用。树干可割取松脂，作为医药、化工原料。根部树脂含量丰富，树干及根部可培养茯苓、蕈类，供中药及食用；树皮可提取栲胶，还可提供多种林副产品，如松香、松节油等。

落叶松

Larix gmelinii（Ruprecht）Kuzeneva

【形态特征】落叶乔木，高达 35 米，胸径 60 ～ 90 厘米；幼树树皮深褐色，裂成鳞片状块片，老树树皮灰色、暗灰色或灰褐色，纵裂成鳞片状剥离，剥落后内皮呈紫红色；枝斜展或近平展，树冠卵状圆锥形；一年生长枝较细，淡黄褐色或淡褐黄色，直径约 1 毫米，无毛或有散生长毛或短毛，基部常有长毛，二、三年生枝褐色、灰褐色或灰色；短枝直径 2 ～ 3 毫米，顶端叶枕之间有黄白色长柔毛；冬芽近圆球形，芽鳞暗褐色，边缘具睫毛，基部芽鳞的先端具长尖头。叶倒披针状条形，长 1.5 ～ 3 厘米，宽 0.7 ～ 1 毫米，先端尖或钝尖，上面中脉不隆起，有时两侧各有 1 ～ 2 条气孔线，下面沿中脉两侧各有 2 ～ 3 条气孔线。球果幼时紫红色，成熟前卵圆形或椭圆形，成熟时上部的种鳞张开，黄褐色、褐色或紫褐色，长 1.2 ～ 3 厘米，直径 1 ～ 2 厘米，种鳞 14 ～ 30 枚；中部种鳞五角状卵形，长 1 ～ 1.5 厘米，宽 0.8 ～ 1.2 厘米，先端截形、圆截形或微凹，鳞背无毛，有光泽；苞鳞较短，长为种鳞的 1/3 ～ 1/2，近三角状长卵形或卵状披针形，先端具中肋延长的急尖头；种子斜卵圆形，灰白色，具淡褐色斑纹，长 3 ～ 4 毫米，直径 2 ～ 3 毫米，连翅长约 1 厘米，种翅中下部宽，上部斜三角形，先端钝圆；子叶 4 ～ 7 枚，针形，长约 1.6 厘米；初生叶窄条形，长 1.2 ～ 1.6 厘米，上面中脉平，下面中脉隆起，先端钝或微尖。传粉期 5 ～ 6 月，种子 9 月成熟。

【生境分布】鄂西山区有栽培。落叶松喜光性强，虽然对水分要求较高，但在各种不同环境均能生长，而以土层深厚、肥润、排水良好的北向缓坡地带生长旺盛。

【含油量及理化性质】种仁含油量达 46.2%，脂肪酸组成主要是油酸 67.5%、亚油酸 27.4%、棕榈酸 3.3%、硬脂酸 0.75%，其他微量。

【利用情况】落叶松是主要造林树种。木材优质，树干可提取树脂，树皮可提取栲胶。

【繁殖与栽培技术】种子繁殖。播种育苗：种子 9 月份采收，并于露天摊晒、敲打，脱出种子后进行沙藏。选择中性或者是微酸性的土壤作为苗圃地。春季，当天气平均温度能稳定达到 12℃时播种；先将沙藏种子取出进行催芽，并且在催芽过程中要经常翻动种子，同时适当地喷洒温水，使种子保持湿润；5 天后播种、覆沙，注意覆沙要均匀、一致，并且覆沙后不要浇太多的水；出苗后只要保持床面湿润即可。施肥以硫酸铵或者硝酸铵为主，一直持续到 8 月上旬。

【分析与评价】落叶松是主要造林树种。其木材略重，硬度中等，易裂，边材淡黄色，心材黄褐色至红褐色，纹理直，结构细密，有树脂，耐久用，可用作房屋建筑、土木工程、电杆、舟车、细木加工及木纤维工业原料、造纸等用材。树干可提取树脂，具有重要的工业价值。树皮可提取栲胶。

冻绿
Rhamnus utilis Decaisne

【形态特征】落叶灌木或小乔木。幼枝无毛，小枝褐色或紫红色，稍平滑，对生或近对生，枝端常具针刺；腋芽小，长 2～3 毫米，有数个鳞片，鳞片边缘有白色缘毛。叶纸质，对生或近对生，或在短枝上簇生，椭圆形、矩圆形或倒卵状椭圆形，长 4～15 厘米，宽 2～6.5 厘米，顶端突尖或锐尖，基部楔形或稀圆形，边缘具细锯齿或圆齿状锯齿，上面无毛或仅中脉具疏柔毛，下面干后常变黄色，沿脉或脉腋有金黄色柔毛，侧脉每边通常有 5～6 条，两面均凸起，具明显的网脉，叶柄长 0.5～1.5 厘米，上面具小沟，有疏微毛或无毛；托叶披针形，常具疏毛，宿存。花单性，雌雄异株，花瓣 4 数；花梗长 5～7 毫米，无毛；雄花数个簇生于叶腋，或 10～30 个聚生于小枝下部，有退化的雌蕊；雌花 2～6 个簇生于叶腋或小枝下部；退化雄蕊小，花柱较长，2 浅裂或半裂。核果圆球形或近球形，成熟时黑色，具 2 个分核，基部有宿存的萼筒；果梗长 5～12 毫米，无毛；种子背侧基部有短沟。花期 4～6 月，果期 8～9 月。

【生境分布】产于湖北来凤、丹江口、神农架、崇阳、咸宁、罗田、武汉。生于海拔 140～1500 米的山坡灌丛、疏林下或竹林中。

【含油量及理化性质】种子含油量为 20%～34.72%，脂肪酸组成主要是亚麻酸 23.71%、油酸 20.88%、亚油酸 43.57%、棕榈酸 6.31%、硬脂酸 3.42%，其他微量。

【利用情况】供庭园观赏。种子油作润滑油。果实和叶片内含绿色素，可作绿色染料。果肉可入药。

【繁殖与栽培技术】种子繁殖。

【分析与评价】庭园观赏。果肉入药，能解热，治泻及瘰疬等。种子油可作润滑油。果实和叶片内含绿色素，可作绿色染料，是我国古代为数不多的天然绿色染料之一，明清时期，中国所产的冻绿已闻名国外，被称为中国绿。

薄叶鼠李
Rhamnus leptophylla C.K. Schneider   别名：蜡子树

【形态特征】落叶灌木或稀小乔木，高达 5 米；小枝对生或近对生，褐色或黄褐色，稀紫红色，平滑无毛，有光泽，芽小，鳞片数个，无毛。叶纸质，对生或近对生，或在短枝上簇生，倒卵形至倒卵状椭圆形，稀椭圆形或矩圆形，长 3 ～ 8 厘米，宽 2 ～ 5 厘米，顶端短突尖或锐尖，稀近圆形，基部楔形，边缘具圆齿或钝锯齿，叶面深绿色，无毛或沿中脉被疏毛，叶背浅绿色，仅脉腋有簇毛，侧脉每边 3 ～ 5 条，具不明显的网脉，上面下陷，下面凸起；叶柄长 0.8 ～ 2 厘米，上面有小沟，无毛或被疏短毛；托叶线形，早落。花单性，雌雄异株，4 基数，有花瓣，花梗长 4 ～ 5 毫米，无毛；雄花 10 ～ 20 个簇生于短枝端；雌花数个至 10 余个簇生于短枝端或长枝下部叶腋，退化雄蕊极小，花柱 2，半裂。核果球形，直径 4 ～ 6 毫米，长 5 ～ 6 毫米，基部有宿存的萼筒，有 2 ～ 3 个分核，成熟时黑色；果梗长 6 ～ 7 毫米；种子宽倒卵圆形，背面具长为种子 2/3 ～ 3/4 的纵沟。花期 3 ～ 5 月，果期 5 ～ 10 月。

【生境分布】产于湖北来凤、咸丰、宣恩、鹤峰、恩施、建始、巴东、五峰、长阳、秭归、神农架、房县、丹江口、通山、咸宁、赤壁、红安、罗田、英山、武汉。生于海拔 450 ～ 1400 米的山沟灌丛中。

【含油量及理化性质】种子含油量为 20% ～ 42%，脂肪酸组成主要是亚麻酸 4.7%、油酸 14.89%、亚油酸 50.56%、棕榈酸 10.67%、硬脂酸 8.47%，其他微量。

【利用情况】种子可榨油，树皮可制染料，全株药用。

【繁殖与栽培技术】种子繁殖。

【分析与评价】种子可榨油，树皮可制染料，全株药用，有清热、解毒、活血之功效。广西地区用其根、果及叶利水行气、消积通便、清热止咳。

三尖杉

Cephalotaxus fortunei Hooker　　**别名：三尖松、狗尾松**

【形态特征】常绿乔木，高达 20 米，胸径达 40 厘米；树皮褐色或红褐色，裂成片状脱落；枝条较细长，稍下垂；树冠广圆形。叶排成两列，披针状条形，通常微弯，长 4 ～ 13 厘米（多为 5 ～ 10 厘米），宽 3.5 ～ 4.5 毫米，上部渐窄，先端有渐尖的长尖头，基部楔形或宽楔形，上面深绿色，中脉隆起，下面气孔带白色，较绿色边带宽 3 ～ 5 倍，绿色中脉带明显或微明显。雄球花 8 ～ 10 朵聚生成头状，直径约 1 厘米，总花梗粗，通常长 6 ～ 8 毫米，基部及总花梗上部有 18 ～ 24 枚苞片，每一朵雄球花有 6 ～ 16 枚雄蕊，花药 3，花丝短；雌球花的胚珠 3 ～ 8 枚发育成种子。种子椭圆状卵形或近圆球形，长约 2.5 厘米，假种皮成熟时紫色或红紫色，顶端有小尖头。传粉期 4 月，种子 8 ～ 10 月成熟。

【生境分布】产于湖北咸丰、宣恩、利川、恩施、建始、鹤峰、巴东、长阳、兴山、神农架、房县、丹江口、通山、英山、罗田，生于海拔 200 ～ 1500 米的山地林中或沟边。三尖杉耐阴，喜湿润而排水良好的砂质壤土。

【含油量及理化性质】种子含油量达 66.1%，脂肪酸组成主要是油酸 44.9%、亚油酸 43.9%、棕榈酸 8.4%、硬脂酸 2.8%，其他微量。

【利用情况】三尖杉根、茎、叶、皮、果中均含有十多种具有抗癌活性的生物碱。木材坚实，有弹性，具有多种用途。

【繁殖与栽培技术】种子繁殖。播种育苗：10 月采收新鲜种子，除去种皮，浸种消毒（1% ～ 2% 硫酸铜溶液）5 分钟后混沙埋藏。春播前 1 周将种子取出，用 50 度白酒和 40℃温水按 1：1 比例混合后浸种 20 ～ 30 分钟；捞出种子，再用 0.05% 赤霉素浸泡 24 小时，诱导水解酶的产生，打破种子休眠；待部分种壳裂开就可以播种。苗床用 0.3% 高锰酸钾或福尔马林溶液浇灌苗畦消毒；浇透水 20 ～ 30 厘米后，用塑料薄膜覆盖封严，1 周后揭开，晾晒 5 天后播种。条播、点播均可。出土子叶 2 枚，条形，长 2.2 ～ 3.8 厘米，宽约 2 毫米，先端钝圆或微凹，下面中脉隆起，无气孔线，上面有凹槽，内有一窄的白粉带；初生叶镰状条形，最初 5 ～ 8 片，长 4 ～ 8 毫米，下面有白色气孔带。

【分析与评价】三尖杉生态分布范围受其生物学特性的制约，分布区域狭窄，野生资源量较少，是我国特有的珍贵保护树种，也是重要药用原植物。其根、茎、叶、皮、果中均含有十多种具有抗癌活性的生物碱，并对乳腺癌、子宫癌、淋巴肉瘤、白血病有良好的治疗效果；种子入药有润肺之功效。木材黄褐色，纹理细致，材质坚实，韧性强，有弹性，可作为建筑、桥梁、舟车、农具、家具及器具等用材。种子榨油可用于制皂及油漆等。从其植株中提取的生物碱对于部分癌症具有一定疗效。

粗榧

Cephalotaxus sinensis（Rehder & E. H. Wilson）H. L. Li

【形态特征】常绿灌木或小乔木，树皮灰色或灰褐色，片裂。叶螺旋状着生，基部扭转，排成两列，线形，直或稍弯，长2～5厘米，宽约3毫米，先端微窄，有短尖头，基部近圆形或宽楔形，上面中脉明显，下面有两条白色气孔带。雄球花6～7个聚生成头状，直径约6毫米，花梗长约3毫米。种子通常2～5颗，着生于总梗上部，卵圆形或椭圆状卵形，长1.8～2.5厘米，顶端有小尖头。传粉期3～4月，种子9～11月成熟。

【生境分布】产于湖北宣恩、利川、恩施、建始、巴东、神农架，生于海拔600～2200米的山地。粗榧为阳性树种，喜温暖，有一定的耐寒力，但幼苗期需要一定遮阴。

【含油量及理化性质】种子含油量达62.9%，脂肪酸组成主要是油酸54.9%、亚油酸21.1%、棕榈酸11.3%、硬脂酸2.4%，其他微量。

【利用情况】粗榧为园林观赏植物，全株可提取多种植物生物碱，木材坚实，可制小农具，树皮可提制栲胶，种子可榨油。

【繁殖与栽培技术】种子、扦插和分蘗繁殖。播种育苗：10月采收种子，放入流水中洗去假种皮，稍晾干后湿沙储藏。春播前进行催芽处理，待种壳开裂、胚根露白时播种，并覆盖一层厚1～1.5厘米的松针或稻草。浇透水之后，保持圃地湿润，有利于种子萌芽出土。幼苗大量出土时，逐渐揭去覆盖物，并立即搭盖遮阳棚；适时浇水，确保苗床温凉湿润，以利于幼苗生长。苗期要注意除草，确保幼苗正常生长。粗榧喜温凉湿润环境，因此苗床水分管理尤为重要。天气干旱时，适时喷水，保持苗床土壤湿润；进入雨季要注意排水，以防积水。当年生种苗高达10～15厘米时，移栽定植或上钵培育。扦插繁殖：春季，在健壮的粗榧树上，选择当年生已木质化的枝条，剪成5～6厘米长的插穗；插穗下面削成马耳形，斜插入土中，而上面保留一个节或芽露在土外。为促进生根，提高插穗的成活率，在扦插前用50毫克/升生根粉2号溶液对插穗基部浸泡3小时。溶液配制方法为1克生根粉2号用500毫升95%酒精溶解后，再加入500毫升开水配制成1000毫升浓度为1000毫克/升原液，最后加水稀释到所需的浓度。分蘗繁殖：早春选择粗榧近根茎部的萌蘗，扒开泥土，挖取萌蘗，栽入苗床培育即可，一年后可出圃栽培。移植宜在春末或晚秋进行。

【分析与评价】粗榧的叶、枝、种子、根可提取多种植物生物碱，对治疗淋巴瘤及白血病有一定的疗效。其木材坚实，可制小农具；树皮可提制栲胶；种子可榨油，供制肥皂、润滑油等用。此外，粗榧是常绿针叶树种，树冠整齐，针叶粗硬，具有较高的观赏价值，可作为园林观赏树种。

巴山榧树
Torreya fargesii Franchet

【形态特征】 常绿乔木，高达 12 米；树皮深灰色，不规则纵裂；一年生枝绿色，二、三年生枝呈黄绿色或黄色，稀淡褐黄色。叶条形，稀条状披针形，通常直，稀微弯，长 1.3 ～ 3 厘米，宽 2 ～ 3 毫米，先端微凸尖或微渐尖，具刺状短尖头，基部微偏斜，宽楔形，上面亮绿色，无明显隆起的中脉，通常有两条较明显的凹槽，稀无凹槽，下面淡绿色，中脉不隆起，气孔带较中脉带窄，干后呈淡褐色，绿色边带较宽，约为气孔带的一倍。雄球花卵圆形，基部的苞片背部具纵脊，雄蕊常具 4 个花药，花丝短，药隔三角状，边具细齿。种子卵圆形、圆球形或宽椭圆形，肉质假种皮微被白粉，直径约 1.5 厘米，顶端具小凸尖，基部有宿存的苞片；骨质种皮的内壁平滑；胚乳周围显著地向内深皱。传粉期 4 ～ 5 月，种子 9 ～ 10 月成熟。

【生境分布】 产于湖北神农架、巴东、兴山、秭归、通山、英山、罗田、五峰、竹溪、宣恩、丹江口、房县、保康、南漳，生于海拔 1000 ～ 1800 米的散生混交林中。

【含油量及理化性质】 种子含油量达 41%，脂肪酸组成主要是油酸 32.67%、亚油酸 49.08%、棕榈酸 8.03%、硬脂酸 8.77%，其他微量。

【利用情况】 木材可制家具及农具，种子可榨油。

【繁殖与栽培技术】 种子繁殖。

【分析与评价】 巴山榧树是我国特有珍稀植物，也是国家二级保护植物。由于其分布区范围小，生态环境较狭窄，加之材质优良，砍伐现象严重；同时随着森林生境的消失，巴山榧树群落及个体数量愈来愈稀少。其木材坚硬，可制家具、农具等用。种子可榨油。

白檀

Symplocos paniculata（Thunberg）Miquel

【形态特征】 落叶灌木或小乔木；嫩枝有灰白色柔毛，老枝无毛。叶膜质或薄纸质，阔倒卵形、椭圆状倒卵形或卵形，长 3 ～ 11 厘米，宽 2 ～ 4 厘米，先端急尖或渐尖，基部阔楔形或近圆形，边缘有细尖锯齿，叶面无毛或有柔毛，叶背通常有柔毛或仅脉上有柔毛；中脉在叶面凹下，侧脉在叶面平坦或微凸起，每边 4 ～ 8 条；叶柄长 3 ～ 5 毫米。圆锥花序长 5 ～ 8 厘米，通常有柔毛；苞片早落，通常条形，有褐色腺点；花萼长 2 ～ 3 毫米，萼筒褐色，无毛或有疏柔毛，裂片半圆形或卵形，稍长于萼筒，淡黄色，有纵脉纹，边缘有毛；花冠白色，长 4 ～ 5 毫米，5 深裂几达基部；雄蕊 40 ～ 60 枚，子房 2 室，花盘具 5 个凸起的腺点。核果熟时蓝色，卵状球形，稍偏斜，长 5 ～ 8 毫米，顶端宿萼裂片直立。花期 3 ～ 8 月，果期 9 ～ 11 月。

【生境分布】 产于湖北各地，生于海拔 100 ～ 2000 米的平原、丘陵、山坡灌木丛中。

【含油量及理化性质】 种子含油量为 38.4%，脂肪酸组成主要是油酸 70.81%、亚油酸 23.75%、棕榈酸 3.38%、硬脂酸 1.18%，其他微量。

【利用情况】 种子油供制肥皂；木材为细工用材；叶药用，也可作猪饲料；根皮与叶可作农药。

【繁殖与栽培技术】 种子和扦插繁殖。播种育苗，宜随采随播。扦插宜在春秋两季进行，选择生长旺盛的枝条扦插育苗即可。苗床准备时，应选择土层较厚、水肥条件较好的砂质壤土。

【分析与评价】 白檀油是以油酸、亚油酸为主要脂肪酸成分的半干性油，既可作为工业用油，也可作为木本植物食用油开发。白檀是有开发潜力的园林观赏植物，也可能成为南方低山丘陵水土流失区域有一定发展前途的、新的木本食用油植物。

油茶
Camellia oleifera C. Abel

【形态特征】 常绿灌木或小乔木。嫩枝有粗毛，叶革质，椭圆形、长圆形或倒卵形，先端尖而有钝头，有时渐尖或钝，基部楔形，长 5 ～ 7 厘米，宽 2 ～ 4 厘米，有时较长，上面深绿色，发亮，中脉有粗毛或柔毛，下面浅绿色，无毛或中脉有长毛，侧脉在叶面能见，在叶背不明显，边缘有细锯齿，有时具钝齿，叶柄长 4 ～ 8 毫米，有粗毛。花顶生，近于无柄，苞片与萼片约 10 片，由外向内逐渐增大，阔卵形，长 3 ～ 12 毫米，背面有贴紧的柔毛或绢毛，花后脱落，花瓣白色，5 ～ 7 片，倒卵形，长 2.5 ～ 3 厘米，宽 1 ～ 2 厘米，有时较短或更长，先端凹入或 2 裂，基部狭窄，近于离生，背面有丝毛，至少在最外侧的有丝毛；雄蕊长 1 ～ 1.5 厘米，外侧雄蕊仅基部略连生，偶有花丝管长达 7 毫米，无毛，花药黄色，背部着生；子房有黄长毛，3 ～ 5 室，花柱长约 1 厘米，无毛，先端不同程度 3 裂。蒴果球形或卵圆形，直径 2 ～ 4 厘米，3 室或 1 室，3 爿或 2 爿裂开，每室有种子 1 粒或 2 粒，果爿厚 3 ～ 5 毫米，木质，中轴粗厚；苞片及萼片脱落后留下的果柄长 3 ～ 5 毫米，粗大，有环状短节。种子半球形，褐色，有光泽；花期 11 月至次年 1 月，果期 9 ～ 10 月。

【生境分布】 产于湖北来凤、咸丰、宣恩、鹤峰、利川、恩施、建始、巴东、五峰、兴山、通城、通山、阳新、黄梅、罗田、武汉。生于海拔 1400 米以下的山坡或山腰灌丛中，也有的栽种于向阳山坡上。

【含油量及理化性质】 种子含油量达 41.5%，脂肪酸组成主要是油酸 10.75%、亚油酸 75.4%、棕榈酸 7.85%、硬脂酸 1.66%，其他微量。

【利用情况】 优质食用油。茶饼既是农药，又是肥料。果皮是提制栲胶的原料。

【繁殖与栽培技术】 种子、扦插和嫁接繁殖。播种育苗：冬季和春季均可进行。春播前浸种 2 ～ 3 天，再沙床催芽 18 ～ 22 天，然后播于苗圃地。冬天播种时，播后覆盖一层细肥土，再盖上薄草保持湿润，使种子尽快发芽、出土；当种子发芽出土后，需要在阴天或者是傍晚揭开薄草，并及时进行除草和松土工作。扦插繁殖：为保持亲本的优良性状，多采用扦插或嫁接育苗，然后进行栽植造林，最适造林季节是立春到惊蛰。选取长势良好的 1 年生春梢、夏梢剪取插穗，存放时要注意保湿；扦插后要遮阴，透光度为 30% 左右。扦插时间以 5 月底至 6 月最佳。虽然油茶可以在春季、秋季、夏季进行扦插，但是最好为夏插。采集插穗宜在清晨进行，应该选择已经木质化、叶片完整、腋芽饱满且没有病虫害的枝条，然后将其截成长度约 4 厘米且带有一叶一芽的插穗。为了促进生根，扦插前用 ABT 生根粉对插穗基部进行处理；扦插时，要保证插穗直立、叶面朝上，且株行距为 5 厘米 ×15 厘米左右；扦插完成后需要浇透水，并注意搭棚遮阴。一般油茶在扦插后 1 ～ 2 个月内就逐渐愈合发根，因此在油茶发根前，要及时浇水，加速其内部细胞的分裂活动，促使插穗尽快萌发新根；在油茶发根之后，要在早晚或者阴天时揭开荫棚，增加光照，促进油茶的生长和发育。嫁接繁殖：一般在 5 月中旬至 6 月底，待种砧长到 4 厘米高，接穗半木质化时开始嫁接；用油茶树作砧嫁接山茶花的方法很多，其中应用较多的是断砧拉皮接和不断砧皮下枝接。应用断砧拉皮接时，要保留原树冠的一部分营养枝，并视砧木的大小每砧应对称接 24 个接穗。

【分析与评价】 油茶具有很高的综合利用价值。油茶是重要的木本油料植物，其种子含油量高，在生物质能源中具有很高的应用价值，它色清味香，营养丰富，耐储藏，茶油的不饱和脂肪酸含量高达 90%，远远高于菜油、花生油和豆油，并且比橄榄油的维生素 E 含量高一倍；此外，还含有山茶苷等特定生理活性物质，具有极高的营养与保健价值，是优质食用油，同时可作为润滑油、防锈油用于工业，还可润发、调药，制蜡烛、肥皂和机油的代用品。茶饼既是农药，又是肥料，可提高农田蓄水能力和防治稻田害虫；其茶籽粕中含有茶皂素、茶籽多糖、茶籽蛋白等，可作为化工、轻工、食品、饲料工业产品等的原料。果壳富含单宁、皂素和糠醛；茶籽壳是一种良好的食用菌培养基，可制成糠醛、栲胶、活性炭等；油茶皂素具有抑菌和抗氧化作用。油茶材质细、密、重、硬，是做陀螺、弹弓的最好材料；茶树天然的纹理自然、优美，是制作高档木纽扣的高级材料。油茶花期为 11 月至次年 1 月，正值冬季少花季节，但其蜜粉极其丰富，是优良的冬季蜜粉源植物。油茶还是一个抗污染能力极强的树种，其对二氧化硫抗性强，抗氟和吸氯能力也很强，因此油茶林具有保持水土、涵养水源、调节气候的生态效益。同时，油茶喜温暖，怕寒冷，要求年平均气温 16 ～ 18 ℃，有较充足的阳光，否则徒长枝叶，结果少，含油量低；要求水分充足，年降水量在 1000 毫米以上，但花期若遭遇连续降雨，影响授粉；要求在坡度和缓、侵蚀作用弱的地方栽植；对土壤要求不甚严格，一般适宜土层深厚的酸性土，不适宜石块多和土质坚硬的地方。

茶

Camellia sinensis（Linnaeus）Kuntze　别名：大叶茶树

【形态特征】常绿灌木。分枝多，嫩枝无毛；叶革质，椭圆状披针形至倒卵状披针形，先端钝或尖锐，基部楔形，叶面发亮，叶背无毛或初时有柔毛，侧脉 5 ~ 7 对，边缘有锯齿，叶柄无毛；花 1 ~ 4 朵腋生，白色，有芳香；萼片 5 枚，阔卵形至圆形，无毛，宿存；花瓣 5 ~ 6 片，阔卵形，基部略连合，背面无毛，有时具短柔毛；蒴果球形，稍扁，略具三棱，每球有种子 1 ~ 2 粒；花期 10 月至次年 2 月，果期 6 ~ 10 月。

【生境分布】产于湖北来凤、咸丰、宣恩、鹤峰、利川、恩施、巴东、五峰、兴山、麻城、罗田、武汉。多栽培于海拔 800 米以下的低山向阳处和丘陵地带，但在海拔 1200 米有云雾的高山地区也生长良好。

【含油量及理化性质】种子含油量为 32.54%，脂肪酸组成主要是亚麻酸 28.28%、油酸 15.71%、亚油酸 42.62%、棕榈酸 9.3%、硬脂酸 2.65%，其他微量。

【利用情况】茶叶可作饮品。种子榨油可供食用。

【繁殖与栽培技术】种子、扦插和压条繁殖。播种育苗：采收茶果，摊放在干燥、阴凉通风的地方，避免日光曝晒和雨淋。摊放厚度不宜超过 10 厘米，每天翻动一两次。三五天后，茶果开始裂开，可轻轻揉压，使果壳与种子脱离，然后用筛子筛出茶籽。脱壳的茶籽，再适当摊晾，使茶籽含水量降至 30% 左右，然后去杂物，浸种催芽。即先将茶籽用 25 ~ 30℃温水浸泡 4 ~ 5 天（每天换水两次，浮在水面的茶籽丢弃），然后捞出、摊晾在室内的沙畦上（铺沙 5 ~ 6 厘米），厚度 7 ~ 10 厘米，上面覆盖一层 5 ~ 6 厘米厚的细沙，沙上再盖以稻草；室温保持在 25℃左右，每天洒水一次，催芽室空气要适当流通，当 50% 茶籽露出胚根时，可播种。冬播比春播发芽率高，出土早，可节省茶籽储藏的费用和人工。扦插繁殖：剪取茶树半木质化枝条上的茎叶段作为插穗扦插，经过培育，则能生根抽枝，形成独立的新茶苗。苗木移栽宜于春秋两季进行，春栽时间在惊蛰至春分之间，秋栽为霜降前后。栽植前的定植沟和苗林投产后的每年冬季均要施入有机肥料，如农家肥、饼肥、商品有机肥等；也可结合浅耕作业时施入商品有机肥料，每亩施入 200 ~ 300 公斤，时间分别为 3 月上旬、5 月中下旬、8 月中旬。

【分析与评价】茶叶是著名碱性饮料，有利于酸性体质的调节；常饮茶叶水，还能消除疲劳、提神、明目、消食、利尿解毒、防止龋齿、消除口臭，有保健功效。种子榨油可供食用。

毛花连蕊茶
Camellia fraterna Hance

【形态特征】常绿灌木或小乔木。嫩枝密生柔毛或长丝毛。叶革质，椭圆形，长 4 ～ 8 厘米，宽 1.5 ～ 3.5 厘米，先端渐尖而有钝尖头，基部阔楔形，上面干后深绿色，发亮，下面初时有长毛，以后变秃，仅在中脉上有毛，侧脉 5 ～ 6 对，在上下两面均不明显，边缘有相隔 1.5 ～ 2.5 毫米的钝锯齿，叶柄长 3 ～ 5 毫米，有柔毛。花常单生于枝顶，花柄长 3 ～ 4 毫米，有苞片 4 ～ 5 枚；苞片阔卵形，长 1 ～ 2.5 毫米，被毛；萼片杯状，长 4 ～ 5 毫米；萼片 5 枚，卵形，有褐色长丝毛；花冠白色，长 2 ～ 2.5 厘米，基部与雄蕊连生达 5 毫米，花瓣 5 ～ 6 片，外侧 2 片革质，有丝毛，内侧 3 ～ 4 片阔倒卵形，先端稍凹入，背面有柔毛或稍秃净；雄蕊长 1.5 ～ 2 厘米，无毛，花丝管长为雄蕊的 2/3；子房无毛，花柱长 1.4 ～ 1.8 厘米，先端 3 浅裂，裂片长仅 1 ～ 2 毫米。蒴果圆球形，直径 1.5 厘米，1 室，种子 1 粒，果壳薄革质。花期 11 月至次年 1 月，果期 9 ～ 10 月。

【生境分布】产于湖北宣恩、鹤峰、宜昌、兴山、蒲圻、崇阳、罗田、英山。生于海拔 100 ～ 1200 米的地区，多生于林缘灌丛、林缘、山坡、山谷疏林、溪边灌丛或杂木林中。

【含油量及理化性质】种子含油量达 42.13%，脂肪酸组成主要是油酸 71.27%、亚油酸 11.93%、棕榈酸 7%、硬脂酸 1.92%，其他微量。

【利用情况】目前尚未有人工栽培利用。

【繁殖与栽培技术】种子繁殖。

【分析与评价】毛花连蕊茶是中国的特有植物，种子含油量高，是有开发潜力的油脂植物，但目前尚未有人工栽培。

灯台树
Cornus controversa Hemsley

【形态特征】落叶乔木；树皮光滑，暗灰色或带黄灰色；枝开展，圆柱形，无毛或疏生短柔毛。冬芽顶生或腋生，卵圆形或圆锥形，长 3～8 毫米，无毛。叶互生，纸质，阔卵形、阔椭圆状卵形或披针状椭圆形，长 6～13 厘米，宽 3.5～9 厘米，先端突尖，基部圆形或急尖，全缘，上面黄绿色，无毛，下面灰绿色，密被淡白色平贴短柔毛，中脉在叶面微凹陷，叶背凸出，微带紫红色，无毛，侧脉 6～7 对，弓形内弯，在上面明显，下面凸出，无毛；叶柄长 2～6.5 厘米，无毛，上面有浅沟，下面圆形。伞房状聚伞花序，顶生，宽 7～13 厘米，稀生浅褐色平贴短柔毛；总花梗淡黄绿色，长 1.5～3 厘米；花小，白色，直径 8 毫米，花萼裂片 4，三角形，长约 0.5 毫米，长于花盘，外侧被短柔毛；花瓣 4，长圆披针形，长 4～4.5 毫米，宽 1～1.6 毫米，先端钝尖，外侧疏生平贴短柔毛；雄蕊 4，着生于花盘外侧，与花瓣互生，长 4～5 毫米，稍伸出花外，花丝线形，白色，无毛，长 3～4 毫米，花药椭圆形，淡黄色，长约 1.8 毫米，2 室，丁字形着生；花盘垫状，无毛，厚约 0.3 毫米；花柱圆柱形，长 2～3 毫米，无毛，柱头小，头状，淡黄绿色；子房下位，花托椭圆形，长 1.5 毫米，直径 1 毫米，淡绿色，密被灰白色贴生短柔毛；花梗淡绿色，长 3～6 毫米，疏被贴生短柔毛。核果球形，直径 6～7 毫米，成熟时紫红色至蓝黑色；核骨质，球形，直径 5～6 毫米，略有 8 条肋纹，顶端有一个方形孔穴；果梗长 2.5～4.5 毫米，无毛。花期 5～6 月，果期 7～8 月。

【生境分布】产于湖北来凤、咸丰、宣恩、鹤峰、利川、恩施、建始、巴东、兴山、神农架、丹江口、京山、通山、罗田、武汉，生于海拔 250～2600 米的常绿阔叶林或针阔叶混交林中。

【含油量及理化性质】种子含油量为 20%～30%，脂肪酸组成主要是亚麻酸 2.77%、油酸 23.05%、亚油酸 44.26%、棕榈酸 24.11%、硬脂酸 4.73%，其他微量。

【利用情况】园林观赏树。木材可作为建筑、家具等用材。果可食。根、叶、树皮药用。种子可榨油。

【繁殖与栽培技术】种子和扦插繁殖。播种育苗：秋播。9～10 月将果实采收后，放入清水中浸泡数小时，堆积沤烂后搓去外果皮和果肉，淘洗出果核；洗净后，用 0.5% 高锰酸钾溶液浸种 2 小时或用 0.3% 硫酸铜溶液浸种 4～6 小时，再用清水冲洗干净；阴干后，将种子与干净的湿河沙按 1∶3 的比例混拌均匀，装于编织袋中备用。种子催芽，灯台树种子种皮致密、坚硬、通气透水性差等，导致其休眠期长，不能适时发芽因此播种前需对种子进行催芽处理，这也是灯台树育苗技术的关键。低温层积催芽，可有效提高种子的发芽率，节省用种量，降低育苗成本。灯台树种子常采用低温层积催芽，即 11 月下旬在土壤结冻前，选择地势高、排水好、土质疏松的背风阴凉处，挖宽 1 米，深 60～80 厘米的长方形坑，坑长视种子多少而定；将坑底整平后，铺一层 10 厘米左右厚的湿润细沙，再将种子与湿沙按 1∶3 的比例混合后堆放在坑内，其中沙的湿度以手握成团、松手即散为宜；在坑中心横放 1 束秸秆，上铺 20 厘米左右厚的粗沙，再覆土踩实堆成丘状。层积催芽阶段，需定期检查翻动，以防种子发热霉烂；如缺水，可喷雾保持湿润。翌年 3 月中下旬，有 30%～40% 种子咧嘴或露白时即可播种；播种量为 225 公斤/亩，覆土厚度 0.8～1 厘米，稍加碾压，使种子与土壤密接；播种后床面撒一层稻草，以减少水分蒸发和提高地温，注意要保持床面湿润。也可采用"深埋浅出"的播种法，即播种时覆土厚度增到 4.5～6.0 厘米，翌年种子萌动时，将覆土削减至 1 厘米厚为止，以便幼苗顺利出土，5 月上旬出齐苗。扦插繁殖：春季 3 月中旬，采生长健壮、无病虫害的半木质化枝条，剪取插穗，每插穗含 3 个饱满芽，同时将插穗捆扎好，放入清水中浸泡；再用ＮＡＡ和ＡＢＴ 1 号生根粉 600 毫克/升处理后，扦插到苗床中；一次性浇足水，然后盖薄膜以保湿，并加盖遮光率为 75% 的遮阳网；随时观察扦插苗床，当温度超过 35℃时，及时降温并揭开苗床两头的薄膜通风；生根后逐步去除遮阳网，并尽量于傍晚浇水，浇水次数则视床面的干湿程度决定。灯台树扦插基质最好选用 1/2 草炭土和 1/2 珍珠岩。扦插后 20 天左右开始出现愈伤组织，30 天左右开始生根，45 天左右开始大量生根，60 天左右即可移植。此外，扦插苗生根后，需加强水肥和病虫害的管理。

【分析与评价】灯台树适应性强，生长迅速，树姿优美，生长极快，虽对土壤要求不严格，但宜在肥沃、湿润、疏松、排水良好的土壤中生长，一般要有 10 年树龄后才能开花结果，且 10 ～ 30 年为结果盛期，夏季花序明显，其果球形，初为紫红色，成熟后变为蓝黑色，是集观树、观花、观叶、观果为一体的彩叶树种，具有很高的园林观赏价值。果熟后酸甜，可食用，也为鸟类喜食。灯台树为木本油料植物，果实可以榨油，供制肥皂及润滑油；其木材可作为建筑、家具、玩具、雕刻、铅笔杆、车厢、农具及制胶合板等用材。灯台树也可药用，其根、叶、树皮均含有吲哚类生物碱，有毒，但入药具有镇静、消炎止痛、化痰等功效；民间用树皮来治头痛、伤风、百日咳、支气管炎、妊娠呕吐、溃疡出血等。灯台树树皮含糠质，可提制栲胶；茎、叶的白色乳汁是橡胶及口香糖的原料，叶还可作饲料及肥料；花是蜜源。

毛梾

Cornus walteri Wangerin   别名：车梁木、黑椋子

【形态特征】落叶乔木；树皮厚，黑褐色，纵裂而又横裂成块状；幼枝对生，绿色，略有棱角，密被贴生灰白色短柔毛，老后黄绿色，无毛。冬芽腋生，扁圆锥形，长约 1.5 毫米，被灰白色短柔毛。叶对生，纸质，椭圆形、长圆椭圆形或阔卵形，长 4 ～ 12（15.5）厘米，宽 1.7 ～ 5.3（8）厘米，先端渐尖，基部楔形，有时不对称，叶面深绿色，稀被贴生短柔毛，叶背淡绿色，密被灰白色贴生短柔毛，中脉在上面明显，下面凸出，侧脉 4（5）对，弓形内弯，在上面稍明显，下面凸起；叶柄长 0.8 ～ 3.5 厘米，幼时被短柔毛，后渐无毛，上面平坦，下面圆形。伞房状聚伞花序顶生，花密，宽 7 ～ 9 厘米，被灰白色短柔毛；总花梗长 1.2 ～ 2 厘米；花白色，有香味，直径 9.5 毫米；花萼裂片 4，绿色，齿状三角形，长约 0.4 毫米，与花盘近于等长，外侧被黄白色短柔毛；花瓣 4，长圆状披针形，长 4.5 ～ 5 毫米，宽 1.2 ～ 1.5 毫米，上面无毛，下面有贴生短柔毛；雄蕊 4，无毛，长 4.8 ～ 5 毫米，花丝线形，微扁，长 4 毫米，花药淡黄色，长卵圆形，2 室，长 1.5 ～ 2 毫米，丁字形着生；花盘明显，垫状或腺体状，无毛；花柱棍棒形，长 3.5 毫米，被稀疏的贴生短柔毛，柱头小，头状，子房下位，花托倒卵形，长 1.2 ～ 1.5 毫米，直径 1 ～ 1.1 毫米，密被灰白色贴生短柔毛；花梗细圆柱形，长 0.8 ～ 2.7 毫米，有稀疏短柔毛。核果球形，直径 6 ～ 7（8）毫米，成熟时黑色，近于无毛；核骨质，扁圆球形，直径 5 毫米，高 4 毫米，有不明显的肋纹。花期 5 ～ 6 月，果期 9 ～ 10 月。

【生境分布】产于湖北建始、神农架、房县、罗田，生于海拔 400 ～ 1400 米的山坡树林中。毛梾为阳性树种，性喜温暖，在阳坡和半阳坡生长，可正常结实，但在蔽阴条件下结果少或只开花不结果。

【含油量及理化性质】种子含油量为 20% ～ 33.5%，脂肪酸组成主要是亚麻酸 2.83%、油酸 10.34%、亚油酸 62.38%、棕榈酸 17.18%、硬脂酸 2.87%，其他微量。

【利用情况】果实榨油。木材可制家具、车辆、农具等。叶和树皮可提制栲胶。

【繁殖与栽培技术】种子繁殖。播种育苗：毛梾果皮富含油脂，需进行去果皮处理，然后将果实用冷水浸泡，再与细沙混合并用砖块进行碾磨，直至种壳呈微红色；将脱皮种子用 1% 洗衣粉溶液浸种 1 ～ 2 天，其间反复搓洗，然后阴干备用。播种前，需打破种子休眠，可将去掉蜡质层的种子用清水浸泡 7 天，每天换水 1 次，然后按照 1：3 比例与沙子混拌；清明节前后播种，即将种子撒播在沟穴后，用湿沙覆盖，厚度控制在 2 ～ 2.5 厘米，再覆盖草帘、锯末或塑料薄膜等材料，以保持沟穴温、湿度；出苗后进行定期除草、浇水等管理养护工作。

【分析与评价】毛梾适应性强，对土壤要求不严，可作为"四旁"绿化和水土保持树种。木材坚硬，纹理细密、美观，可制家具、车辆、农具等用。毛梾果实含油量高，是木本油料植物，果实榨油，供食用或作高级润滑油，油渣可作饲料和肥料。叶和树皮可提制栲胶。

光皮梾木
Cornus wilsoniana Wangerin

【形态特征】落叶乔木，高 5 ～ 18 米，稀达 40 米；树皮灰色至青灰色，块状剥落；幼枝灰绿色，略具 4 棱，被灰色平贴短柔毛，小枝圆柱形，深绿色，无毛，具黄褐色长圆形皮孔。冬芽长圆锥形，长 3 ～ 6 毫米，密被灰白色平贴短柔毛。叶对生，纸质，椭圆形或卵状椭圆形，长 6 ～ 12 厘米，宽 2 ～ 5.5 厘米，先端渐尖或突尖，基部楔形或宽楔形，边缘波状，微反卷，叶面深绿色，有散生平贴短柔毛，叶背灰绿色，密被白色乳头状突起及平贴短柔毛，侧脉 3 ～ 4 对，弓形内弯；叶柄细圆柱形，长 0.8 ～ 2 厘米，幼时密被灰白色短柔毛，老时近于无毛，上面有浅沟，下面圆形。顶生圆锥状聚伞花序，宽 6 ～ 10 厘米，被灰白色疏柔毛；总花梗细圆柱形，长 2 ～ 3 厘米，被平贴短柔毛；花小，白色，直径约 7 毫米；花萼裂片 4，三角形，长 0.4 ～ 0.5 毫米，长于花盘，外侧被白色短柔毛；花瓣 4，长披针形，长约 5 毫米，上面无毛，下面密被灰白色平贴短柔毛；雄蕊 4，长 6.2 ～ 6.8 毫米，花丝线形，长 5 毫米，与花瓣近于等长，无毛，花药线状长圆形，黄色，长约 2 毫米，丁字形着生；花盘垫状，无毛；花柱圆柱形，有时上部稍粗壮，长 3.5 ～ 4 毫米，稀被贴生短柔毛，柱头小，头状，子房下位，花托倒圆锥形，直径约 1 毫米，密被灰色平贴短柔毛。核果球形，直径 6 ～ 7 毫米，成熟时紫黑色至黑色，被平贴短柔毛或近于无毛；核骨质，球形，直径 4 ～ 4.5 毫米，肋纹不明显。花期 5 月，果期 9 ～ 11 月。

【生境分布】产于湖北来凤、咸丰、鹤峰、巴东、咸宁，生于海拔 500 ～ 1600 米的山谷、河边、路边及山坡树林中。

【含油量及理化性质】种仁含油量为 20% ～ 32.4%，脂肪酸组成主要是亚麻酸 15.31%、油酸 29.1%、亚油酸 39.7%、棕榈酸 11.17%、硬脂酸 2.87%，其他微量。

【利用情况】果肉和种仁油食用。叶为牲畜饲料。木材为家具及农具用材。树皮斑驳，为观赏树种。

【繁殖与栽培技术】种子和嫁接繁殖。播种育苗：随采随播，一般采取冬播。11 月上中旬采种，然后用 1% ～ 2% 石灰水或甲基托布津浸泡 24 小时，取出薄摊、阴干后播种。春播时，要求立春前播完，播种量为 45 ～ 60 公斤 / 公顷；若低温沙藏超过 90 天，则对种子发芽具有显著的促进作用；当低温沙藏 120 天时，发芽率较高，达 63.4%。春季播种前一定要进行催芽处理；采用撒播的方式将种子均匀播下，覆盖一层 1 厘米厚的经过细筛的黄心土，上面再用稻草覆盖，若采用地膜覆盖效果更好。嫁接繁殖：春季 2 月下旬至 3 月中旬嫁接，1 个月后检查成活率；秋季采用露芽腹接成活率最高，半个月后检查成活率。接穗采自健壮的成年结果母树，其枝条健壮，芽饱满；接穗随采随嫁接较好，但要注意保湿。砧木选用 1 年生实生苗，采用三刀法腹接且留砧 10 厘米，嫁接成活率高。

【分析与评价】光皮梾木是石灰岩、紫色页岩等困难地造林的良好树种，其树形美观，树皮斑驳，寿命较长，又是良好的观赏树种，一般条件下，光皮梾木嫁接苗造林 3 年左右开始挂果，5 ～ 6 年进入盛果期；实生苗造林 5 ～ 8 年开始挂果，10 年左右进入盛果期，盛果期每亩年产鲜果 800 公斤左右，最高可达 2000 公斤。光皮梾木果肉含油率为 55% ～ 59%，果核含油率为 10% ～ 17%，干果含油率为 30% ～ 36%，压榨出油率在 25% 以上，其脂肪酸组成以亚油酸及油酸为主，可以作为生物柴油原料或加工成一级优质食用油，长期食用光皮梾木油治疗高脂血症有效率达93.3%，其中降低胆固醇的有效率达100%。以光皮梾木油为原料生产的生物柴油与0号石化柴油燃烧性能相似，是一种安全、洁净的生物质燃料油。光皮梾木树叶牲畜喜食，可作饲料，又为良好的绿肥原料；木材坚硬，纹理致密而美观，为家具及农具的良好用材。

野鸦椿
Euscaphis japonica（Thunberg）Kanitz

【形态特征】落叶小乔木或灌木；树皮灰褐色，具纵条纹，小枝及芽红紫色，枝叶揉碎后发出恶臭气味。叶对生，奇数羽状复叶，长（8）12～32厘米，叶轴淡绿色，小叶5～9，稀3～11，厚纸质，长卵形或椭圆形，稀为圆形，长4～6（9）厘米，宽2～3（4）厘米，先端渐尖，基部钝圆，边缘具疏短锯齿，齿尖有腺休，两面除背面沿脉有白色小柔毛外其余无毛，主脉在上面明显，在背面突出，侧脉8～11，在两面可见，小叶柄长1～2毫米，小托叶线形，基部较宽，先端尖，有微柔毛。圆锥花序顶生，花梗长达21厘米，花多，较密集，黄白色，直径4～5毫米，萼片与花瓣均为5枚，椭圆形，萼片宿存，花盘盘状，心皮3，分离。蓇葖果长1～2厘米，每一朵花发育为1～3个蓇葖果，果皮软革质，紫红色，有纵脉纹，种子近圆形，直径约5毫米，假种皮肉质，黑色，有光泽。花期5～6月，果期8～9月。

【生境分布】产于湖北丹江口、崇阳、赤壁、通山、罗田、咸宁、孝感、黄陂、武汉，生于海拔1300米以下的山坡灌木丛中，也有栽培。幼苗耐阴，耐湿，大树则偏阳喜光，且耐瘠薄，耐寒；在土层深厚、疏松、湿润、排水良好且富含有机质的微酸性土壤中生长良好。

【含油量及理化性质】种子含油量为20%～30%，脂肪酸组成主要是油酸45.51%、亚油酸33.27%、棕榈酸11.8%、硬脂酸2.87%，其他微量。

【利用情况】观赏树种。种子油可制肥皂，树皮可提制栲胶，根及干果可入药。

【繁殖与栽培技术】种子繁殖。播种育苗：种子需经催芽处理才能保证发芽率。高温催芽时，先将种子浸泡在70℃左右的热水中，并待其自然冷却后浸种24小时，然后湿沙层积，翌年春天播种，发芽率可达80%以上。幼苗期一定要遮阴防晒；移栽时，大苗易活，发芽力强且适应性广。

【分析与评价】野鸦椿树形优美，是观叶、观果的珍贵树种，可种植于庭院、房前、路旁、草坪中央等地观赏，其最大的观赏点就是其成熟后裂开的果荚，似团团红花缀满枝头，颇有特色，并且挂果时间很长，从9月直至次年4月，观果期长达8个月，人工栽培的野鸦椿实生苗4～5年可开花结果。其木材可作为器具用材；种子油可制肥皂，树皮可提制栲胶；根及干果入药，有祛风除湿之效；嫩叶可食。

柳杉
Cryptomeria japonica var.*sinensis* Miquel

【形态特征】 常绿乔木。胸径可达 2 米；树皮红棕色，纤维状，裂成长条片脱落；大枝近轮生，平展或斜展；小枝细长，常下垂，绿色，枝条中部的叶较长，常向两端逐渐变短。叶钻形略向内弯曲，先端内曲，四边有气孔线，长 1～1.5 厘米，果枝的叶通常较短，有时长不及 1 厘米，幼树及萌芽枝的叶长达 2.4 厘米。雄球花单生叶腋，长椭圆形，长约 7 毫米，集生于小枝上部，成短穗状花序；雌球花顶生于短枝上。球果圆球形或扁球形；种鳞 20 枚左右，上部有 4～5（稀 6～7）枚短三角形裂齿，齿长 2～4 毫米，基部宽 1～2 毫米，鳞背中部或中下部有一个三角状分离的苞鳞尖头，尖头长 3～5 毫米，基部宽 3～14 毫米，能育的种鳞有 2 粒种子；种子褐色，近椭圆形，扁平，长 4～6.5 毫米，宽 2～3.5 毫米，边缘有窄翅。传粉期 4 月，种子 10 月成熟。

【生境分布】 产于湖北恩施，武汉有栽培。生于海拔 1100 米以下地带。柳杉喜光，喜温暖湿润的气候及土层深厚、肥沃、排水良好的酸性土壤，不耐寒和干旱瘠薄的环境。

【含油量及理化性质】 种仁含油量达 42.02%，脂肪酸组成主要是油酸 34.29%、亚油酸 48.99%、棕榈酸 6.95%、硬脂酸 9.78%，其他微量。

【利用情况】 园林绿化树种和造林树种。

【繁殖与栽培技术】 种子繁殖。播种育苗：立冬前后采收果实，晾晒 3～5 天，种鳞开裂后筛出种子。种子阴干后储存于布袋内，放在室内通风处保存。早春播种，播后覆土。苗期要及时遮阴，立夏搭棚，秋分后逐步撤除。5 月初开始间苗，6 月下旬定苗。柳杉造林宜用 2 年生苗木，造林季节适宜冬季至翌年 3～4 月。幼苗期易发生猝倒病、赤枯病，可喷洒 0.5%～1% 波尔多液预防，发病期可用 0.5%～1% 硫酸亚铁溶液防治。

【分析与评价】 柳杉为我国特有树种，高大耸直，生长快，寿命长，柳杉树姿秀丽，是优良的园林绿化树种和造林树种；其吸收二氧化硫能力强，可净化空气，适宜工矿厂区栽植。

构树

Broussonetia papyrifera（Linnaeus）L'Héritier ex Ventenat

【形态特征】落叶乔木；树皮暗灰色；小枝密生柔毛。叶螺旋状排列，广卵形至长椭圆状卵形，长6～18厘米，宽5～9厘米，先端渐尖，基部心形，两侧常不相等，边缘具粗锯齿，不分裂或3～5裂，小树的叶常有明显分裂，表面粗糙，疏生糙毛，背面密被绒毛，基生叶脉三出，侧脉6～7对；叶柄长2.5～8厘米，密被糙毛；托叶大，卵形，狭渐尖，长1.5～2厘米，宽0.8～1厘米。花雌雄异株。雄花序为葇荑花序，粗壮，长3～8厘米，苞片披针形，被毛，花被4裂，裂片三角状卵形，被毛，雄蕊4，花药近球形，退化雌蕊小；雌花序球形头状，苞片棍棒状，顶端被毛，花被管状，顶端与花柱紧贴，子房卵圆形，柱头线形，被毛。聚花果直径1.5～3厘米，成熟时橙红色，肉质；瘦果具与其等长的柄，表面有小瘤，龙骨双层，外果皮壳质。花期4～5月，果期6～7月。

【生境分布】产于湖北各地，以恩施、宜昌、襄阳等地区为多，生于海拔1400米以下的山坡、路旁、沟边或林中。性喜阳光，对环境适应性强，耐干旱瘠薄，生长迅速。

【含油量及理化性质】种子含油量为21%～31.1%，脂肪酸组成主要是亚麻酸1.61%、油酸7.91%、亚油酸75.44%、棕榈酸9.74%、硬脂酸2.72%，其他微量。

【利用情况】树皮纤维可造皮纸或制作人造棉。叶可喂猪。果可食用或酿酒，可供药用。

【繁殖与栽培技术】种子繁殖。播种育苗：10月采收成熟果实，置于桶内捣烂，漂洗后去渣液，获得纯净种子，稍晾干即可干藏备用。由于构树种粒小，种壳坚硬，吸水较困难，播种前必须用湿细沙进行催芽。春季播种时间一般为3月中下旬，即将种子和细沙混合均匀后撒入2厘米深的条沟内，覆土以不见种子为宜；播后盖草，3周后种子发芽出土。春秋季均可移栽培育。

【分析与评价】构树在湖北分布广泛，为常见树种，在田间地头、空旷地常见，多为野生树种，其栽培易成活，且繁殖迅速。树皮纤维品质良好，可造皮纸或制作人造棉。树皮乳汁可治癣疮，叶可喂猪。果可食用或酿酒，可供药用，为强壮剂。材质轻软，可作箱板。构树抗烟尘性强，在城市或工矿区可作为绿化树种。

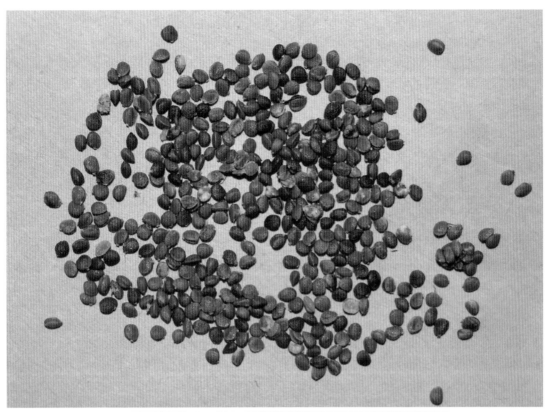

桑

Morus alba Linnaeus　　别名：桑树

【形态特征】落叶乔木或灌木；树皮厚，灰色，具不规则浅纵裂；冬芽红褐色，卵形，芽鳞呈覆瓦状排列，灰褐色，有细毛；小枝有细毛。叶卵形或广卵形，长 5～15 厘米，宽 5～12 厘米，先端急尖、渐尖或圆钝，基部圆形至浅心形，边缘锯齿粗钝或深裂，叶面鲜绿色，无毛，叶背沿脉有疏毛，脉腋有簇毛；叶柄长 1.5～5.5 厘米，具柔毛；托叶披针形，早落，外面密被细硬毛。花单性，腋生或生于芽鳞腋内，与叶同时生出。雄花序下垂，长 2～3.5 厘米，密被白色柔毛，雄花花被片宽椭圆形，淡绿色。花丝在芽时内折，花药 2 室，球形至肾形，纵裂。雌花序长 1～2 厘米，被毛，总花梗长 5～10 毫米，被柔毛，雌花无梗，花被片倒卵形，顶端圆钝，外面和边缘被毛，两侧紧抱子房，无花柱，柱头 2 裂，内面有乳头状突起。聚花果卵状椭圆形，长 1～2.5 厘米，成熟时红色或暗紫色。花期 4～5 月，果期 5～8 月。

【生境分布】产于湖北各地，以鄂东的罗田、英山为最多，有栽培。桑树喜光，幼时稍耐阴，耐寒、耐旱、耐瘠薄，也耐水湿。

【含油量及理化性质】种子含油量为 30.31%，脂肪酸组成主要是亚麻酸 18.03%、油酸 16.38%、亚油酸 55.03%、棕榈酸 8.72%、硬脂酸 0.56%，其他微量。

【利用情况】桑叶可供饲养家蚕。木材可供建筑、器具及农具等用。树皮可作纤维原料。根皮及叶可供药用。桑椹果可食用、作药或酿酒。

【繁殖与栽培技术】种子和压条繁殖。播种育苗：随采随育。采收桑果后揉搓出种子，按 1：0.5 的比例与细沙拌匀，进行条播，播种量为 0.5～0.6 公斤／亩。压条繁殖可在 2～3 月进行。

【分析与评价】桑树喜光，幼时稍耐阴；生长快，适应性强，耐寒、耐旱、耐瘠薄，也耐水湿；对土壤的适应性强，耐轻碱性，喜土层深厚、湿润、肥沃的土壤；根系发达，抗风力强；萌芽力强，耐修剪；有较强的抗烟尘能力。桑叶可供饲养家蚕。木材致密坚硬，有弹性，耐腐性强，可供建筑、器具及农具等用；树皮纤维柔细，可作纺织与造纸原料。桑椹果可食用、作药或酿酒。种子晒干可榨油，供制肥皂。根皮（桑白皮），性味甘、寒，有清肺平喘、利水消肿之功能，可治疗肺热喘咳、面目浮肿、小便不利、高血压、糖尿病、跌打扭伤等。桑枝，性味苦、平，具有祛风清热、通络之功能，可治疗高血压、风湿性关节炎、风热头痛之症。桑叶，性味甘、苦、寒，具疏风清热、清肝明目之功能，可治疗风热感冒、头痛、咽喉肿痛、肺热咳嗽、头目眩晕、风热感冒等。果实，性味甘、酸、凉，有滋补肝肾、养血祛风之功能，可治疗耳聋目眩、神经衰弱、须发早白、血虚便秘、风湿关节痛等。

伞花木

Eurycorymbus cavaleriei（H. Léveillé）Rehder & Handel-Mazzetti

【形态特征】落叶乔木；树皮灰色，小枝圆柱状，被短绒毛。叶连柄长 15 ～ 45 厘米，叶轴被皱曲柔毛；小叶 4 ～ 10 对，近对生，薄纸质，长圆状披针形或长圆状卵形，长 7 ～ 11 厘米，宽 2.5 ～ 3.5 厘米，顶端渐尖，基部阔楔形，腹面仅中脉上被毛，背面近无毛或沿中脉两侧被微柔毛；侧脉纤细而密，约 16 对，末端网结；小叶柄长约 1 厘米或不及。花序半球状，稠密而多花，主轴和呈伞房状排列的分枝均被短绒毛；花芳香，花梗长 2 ～ 5 毫米；萼片卵形，长 1 ～ 1.5 毫米，外面被短绒毛；花瓣长约 2 毫米，外面被长柔毛；花丝长约 4 毫米，无毛；子房被绒毛。蒴果长约 8 毫米，宽约 7 毫米，被绒毛；种子黑色，种脐朱红色。花期 5 ～ 6 月，果期 10 月。

【生境分布】产于湖北兴山，生于海拔 300 ～ 1400 米处的阔叶林中或山坡灌木林中。武汉有栽培。

【含油量及理化性质】种仁含油量为 32.1%，脂肪酸组成主要是亚麻酸 22.84%、油酸 8.02%、亚油酸 53.78%、棕榈酸 5.28%、硬脂酸 1.65%，其他微量。

【利用情况】伞花木木材虽具有轻质、易加工、变形小等优点，但其目前仍处于野生状态。

【繁殖与栽培技术】种子繁殖。播种育苗：10 月采种后，用湿沙层积或容器干藏 115 天；将种子用过水的纱布包好后放入 0.5% 稀硫酸溶液中浸泡 2 分钟，取出再放入 0.1% 福尔马林的 50℃温水溶液中浸种 3 天；捞出种子，均匀撒播在以河沙为基质的苗床上，并用沙土覆盖 1 厘米，上面再覆盖薄膜进行催芽，注意隔 2 ～ 3 天淋一次温水；发芽后若中午温度过高，须将两头薄膜揭开，以免灼伤幼苗。

【分析与评价】伞花木为落叶乔木，雌雄异株，为中国特有，也是国家二级保护植物。此外，伞花木是第三纪残遗于中国的特有单种属植物，对研究植物区系和无患子科的系统发育有较大的科学价值。伞花木木材虽具有轻质、易加工、变形小等优点，但其目前仍处于野生状态。

复羽叶栾树
Koelreuteria bipinnata Franchet

【形态特征】落叶乔木。皮孔圆形至椭圆形，枝具小疣点。叶平展，二回羽状复叶，长 45～70 厘米；叶轴和叶柄向轴面常有一纵行皱曲的短柔毛；小叶 9～17 片，互生，很少对生，纸质或近革质，斜卵形，长 3.5～7 厘米，宽 2～3.5 厘米，顶端短尖至短渐尖，基部阔楔形或圆形，略偏斜，边缘有内弯的小锯齿，两面无毛或上面中脉上被微柔毛，下面密被短柔毛，有时杂以皱曲的毛；小叶柄长约 3 毫米或近无柄。圆锥花序大型，长 35～70 厘米，分枝广展，与花梗同被短柔毛；萼 5 裂达中部，裂片阔卵状三角形或长圆形，有短而硬的缘毛及流苏状腺体，边缘呈啮蚀状；花瓣 4，长圆状披针形，瓣片长 6～9 毫米，宽 1.5～3 毫米，顶端钝或短尖，瓣爪长 1.5～3 毫米，被长柔毛，鳞片深 2 裂；雄蕊 8 枚，长 4～7 毫米，花丝被白色、开展的长柔毛，下半部毛较多，花药有短疏毛；子房三棱状长圆形，被柔毛。蒴果椭圆形或近球形，具 3 棱，淡紫红色，老熟时褐色，长 4～7 厘米，宽 3.5～5 厘米，顶端钝或圆，有小凸尖，果瓣椭圆形至近圆形，外面具网状脉纹，内面有光泽；种子近球形，直径 5～6 毫米。花期 7～9 月，果期 8～10 月。

【生境分布】产于湖北鹤峰、崇阳、武汉，生于路边、住宅旁。

【含油量及理化性质】种仁含油量为 26.4%～36.5%，脂肪酸组成主要是油酸 43.21%、亚油酸 45.09%、棕榈酸 8.13%、硬脂酸 0.65%，其他微量。

【利用情况】行道树和庭园观赏树。木材可制家具；叶可作蓝色染料，花供药用，亦可作黄色染料；种子油可制肥皂和润滑油。

【繁殖与栽培技术】种子繁殖。播种育苗：晚秋采种后沙藏保存，即将经消毒处理的种子与湿沙按 1：4 比例混合，或者采用 1 层种子 1 层沙的交错沙藏法保存，并在储藏坑四周做好排水沟；翌年 3 月中旬取出种子直接播种即可。

【分析与评价】复羽叶栾树为阳性树种，半耐阴，较耐寒、耐旱，喜石灰性土壤，能耐盐渍性土壤，在干燥瘠薄的土壤中也可以生长良好，春季嫩叶红色，夏季满树黄花，花型奇特，果似灯笼，入秋变红，是优良的行道树和庭园观赏树及厂矿绿化的良好树种。木材黄白色，易加工，可制家具；叶可作蓝色染料，花供药用，亦可作黄色染料；种子油可制肥皂和润滑油。

无患子
Sapindus saponaria Linnaeus

【形态特征】落叶大乔木。树皮灰褐色或黑褐色；嫩枝绿色，无毛。叶连柄长 25～45 厘米或更长，叶轴稍扁，上面两侧有直槽，无毛或被微柔毛；小叶 5～8 对，通常近对生，叶片薄纸质，长椭圆状披针形或稍呈镰形，长 7～15 厘米或更长，宽 2～5 厘米，顶端短尖或短渐尖，基部楔形，稍不对称，腹面有光泽，两面无毛或背面被微柔毛；侧脉纤细而密，15～17 对，近平行；小叶柄长约 5 毫米。花序顶生，圆锥形；花小，辐射对称，花梗常很短；萼片卵形或长圆状卵形，长约 2 毫米，外面基部被疏柔毛；花瓣 5，披针形，有长爪，长约 2.5 毫米，外面基部被长柔毛或近无毛，鳞片 2 个，小耳状；花盘碟状，无毛；雄蕊 8，伸出，花丝长约 3.5 毫米，中部以下密被长柔毛；子房无毛。果的发育：分果爿近球形，直径 2～2.5 厘米，橙黄色，干时变黑。花期春季，果期夏秋季。

【生境分布】产于湖北巴东、兴山、武汉，生于山坡、沟边、路旁或住宅附近。

【含油量及理化性质】种仁含油量为 30.8%，脂肪酸组成主要是油酸 23.44%、亚油酸 62%、棕榈酸 5.91%、硬脂酸 1.91%，其他微量。

【利用情况】行道绿化和园林观赏树种。果作优良的洗涤化妆品原料，种仁油供制天然润滑油和生物柴油，根、果可作中药材。

【繁殖与栽培技术】种子繁殖。播种育苗：10 月下旬采收果实，放入清水中浸泡 5～7 天，沤烂、软化肉质果皮，搓洗去果皮后即可得到纯净种子。利用湿沙层积法储藏与催芽，即将沙与种子按 3 : 1 比例层积堆放，沙的湿度以手捏成团不出水、触之能散为宜。2 月中旬至 3 月上旬，种子胚根露白时开始播种，用种量为 50 公斤 / 亩；播种后用过筛细土均匀覆盖 2～3 厘米，再用地膜或稻草保墒；苗床要保持湿润，当出苗率达到 80% 以上时，可揭去稻草。

【分析与评价】无患子喜光，稍耐阴；喜温暖湿润气候，耐寒能力较强；对土壤要求不严，适应性强，在酸性土、微酸和微碱及钙质土壤中均能生长；深根性树种，抗风能力强，不耐水湿，耐干旱瘠薄；成活率高，生长迅速，抗病虫能力强，易种植，其树体高大，枝冠开展，秋叶金黄，果实如玉，是目前新兴的行道绿化和园林绿化观叶赏果彩叶树种。其果皮含有无患子皂苷等三萜皂苷，是优良的洗涤化妆品原料；种仁含油量高，可榨油供制天然润滑油和生物柴油；根、果可作中药材。

白杜

Euonymus maackii Ruprecht　别名：丝棉木

【形态特征】落叶小乔木。叶卵状椭圆形、卵圆形或窄椭圆形，长 4～8 厘米，宽 2～5 厘米，先端长渐尖，基部阔楔形或近圆形，边缘具细锯齿，有时极深而锐利；叶柄通常细长，常为叶片的 1/4～1/3，但有时较短。聚伞花序具 3 至多朵花，花序梗略扁，长 1～2 厘米；花 4 数，淡白绿色或黄绿色，直径约 8 毫米；小花梗长 2.5～4 毫米；雄蕊花药紫红色，花丝细长，长 1～2 毫米。蒴果倒圆心状，4 浅裂，长 6～8 毫米，直径 9～10 毫米，成熟后果皮粉红色；种子长椭圆状，长 5～6 毫米，直径约 4 毫米，种皮棕黄色，假种皮橙红色，全包种子，成熟后顶端常有小口。花期 5～6 月，果期 9～11 月。

【生境分布】产于湖北兴山、黄陂、武汉，生于海拔 1000 米以下的山坡林缘、路旁。武汉有栽培。

【含油量及理化性质】种子含油量为 43.2%～60.71%，脂肪酸组成主要是亚麻酸 6.69%、油酸 33.15%、亚油酸 35.55%、棕榈酸 16.42%、棕榈油酸 4.22%、硬脂酸 3.23%，其他微量。

【利用情况】园林观赏树种。木材供器具及细工雕刻用，树皮含硬橡胶，种子油作工业用油。

【繁殖与栽培技术】种子和扦插繁殖。播种育苗：10 月中下旬采收果实，阳光下晾晒，待果皮开裂后置于阴处晾晒 3～6 天，翻打蒴果，使种子与果皮完全分开。种子带橙红色假种皮，易发霉变质，影响种子的储藏及催芽，应在水中浸泡 3～5 天，且每天换水 1～2 次，待种皮软化后揉搓，去除假种皮后得到纯净的种子；将种子晾晒几天后，储藏于通风处。2 月中旬，用 30℃温水浸泡种子 24 小时，然后将种子与河沙按 1：3 比例混合均匀层积于背阴处，上盖草帘保湿；3 月下旬至 4 月中上旬，将种子放置于背风向阳处进行增温催芽，并适当补充水分；待种子有 1/3 露白即可播种，用种量为 120～150 公斤/公顷，播后覆土厚度约 1 厘米，20 天左右出苗。苗木生长前期追施氮肥，促进苗木生长，后期追施磷、钾肥，促进苗木木质化，9 月份停止浇水施肥，一般当年生苗高达 85～100 厘米。扦插繁殖：3 月下旬至 4 月上旬，通常土壤解冻、腋芽萌动前进行扦插，宜早不宜迟。在白杜的休眠期，秋季叶落至春季树液流动前，选择一年生生长健壮、木质化充分的枝条剪取插穗。为提高扦插的成活率，扦插前 6～8 天，用流水浸泡插穗，直至切口处出现明显的不规则瘤状物。整地施肥准备好插床后，先用扦插工具开孔，再顺孔插入插条，并填土封孔踏实。一般扦插深度是插穗长度的 2/3，扦插完成后浇透水，再用塑料薄膜覆盖插床，四周密封，上面架设遮阳网，避免阳光直射。一般 3 周左右，插穗基部开始生根，生根后，依次撤出覆盖物。幼苗期，可用小水浇灌，慢慢渗透苗床，一般 3～5 天浇 1 次水。扦插 40 天后，可以适量追施速效性肥料，促进苗木健壮成长；4～9 月，及时松土除草，小苗松土时宜浅，而大苗宜深，苗木硬化前停止松土除草。修剪宜在冬季至早春萌芽前进行，幼树修剪应注意突出保留主干，每年春夏季抹芽，抹掉下部的竞争芽，在主干顶部选择 3～4 个生长健壮、分布均匀的枝条作主枝培养；冬春休眠期，疏除靠下部的分枝，保持主干的高度。当主枝干达到一定长度时要对其进行短截，以促进侧枝生长；待侧枝达到一定长度时也应对其进行短截，促生二级侧枝；经 3～4 年的培养，基本树形即可形成；以后的养护中，重点是疏除冗杂枝、病虫枝、干枯枝，保持树形美观，树冠通风透光。

【分析与评价】白杜是温带树种，对气候的适应能力较强，喜光、耐寒、耐旱、稍耐阴，也耐水湿，抗性强，对土壤要求不严，为深根性树种，萌蘖力强，但生长缓慢，耐修剪，其树皮灰褐色，小枝绿色，聚伞花序淡绿色，蒴果入秋变为粉红色，开裂后露出橘红色假种皮，在树上悬挂达 2 个月之久，极具观赏价值，是良好的园林观赏树种。种子含油量达 40% 以上，可作工业用油，是极富开发潜力的生物柴油植物。木材可供器具及细工雕刻用，树皮含硬橡胶。

苦皮藤
Celastrus angulatus Maximowicz

〔形态特征〕 常绿藤状灌木，树皮灰褐色。小枝常具 4 ～ 6 条纵棱，皮孔密生，圆形至椭圆形，白色，腋芽卵圆状，长 2 ～ 4 毫米。叶大，近革质，阔椭圆形、阔卵形或近圆形，长 7 ～ 17 厘米，宽 5 ～ 13 厘米，先端圆阔，中央具尖头，侧脉 5 ～ 7 对，在叶面明显突起，两面光滑或稀于叶背的主侧脉上具短柔毛；叶柄长 1.5 ～ 3 厘米；托叶丝状，早落。聚伞圆锥花序顶生，下部分枝长于上部分枝，略呈塔锥形，长 10 ～ 20 厘米，花序轴及小花轴光滑或被锈色短毛；小花梗较短，关节在顶部；花萼镊合状排列，三角形至卵形，长约 1.2 毫米，近全缘；花瓣长方形，长约 2 毫米，宽约 1.2 毫米，边缘不整齐；花盘肉质，浅盘状或盘状，5 浅裂；雄蕊着生于花盘之下，长约 3 毫米，在雌花中退化雄蕊长约 1 毫米；雌蕊长 3 ～ 4 毫米，子房球状，柱头反曲，在雄花中退化雌蕊长约 1.2 毫米。蒴果近球状，直径 8 ～ 10 毫米；种子每室 2 粒，外有橙红色假种皮。种子椭圆状，长 3.5 ～ 5.5 毫米，直径 1.5 ～ 3 毫米。花期 4 ～ 6 月，果期 8 ～ 10 月。

〔生境分布〕 产于湖北宣恩、利川、恩施、建始、鹤峰、巴东、神农架、秭归、兴山、房县、丹江口、郧县等地。生于海拔 200 ～ 1200 米的山坡灌木林中或空旷处。

〔含油量及理化性质〕 种子含油量为 40.12%，脂肪酸组成主要是油酸 18.49%、亚油酸 67.91%、棕榈酸 7.33%、硬脂酸 1.92%，其他微量。

〔利用情况〕 有少量人工栽培，并且在园林绿化中有一定程度的应用。

〔繁殖与栽培技术〕 种子和无性繁殖。播种育苗：10 月采种；播种前用 0.5% 高锰酸钾溶液浸种消毒，并在恒温箱中催芽；萌动后条播，用种量 4 ～ 4.5 公斤 / 亩，即将种子均匀撒入沟内，覆盖厚度以不见种子为宜，同时将床面适度镇压，使种子与土壤紧密结合；浇透水，然后在床面盖上一层稻草保湿，便于种子从土壤中吸收水分而发芽。5 ～ 8 月，追施以氮肥为主的复合肥 2 ～ 3 次，促进幼苗健壮生长。9 月停肥控水，提高苗木木质化程度，以利于安全越冬。

〔分析与评价〕 树皮纤维可作造纸和人造棉的原料；果皮及种仁含油脂，供工业用油；根皮和茎皮有微毒，可作强力杀虫剂。苦皮藤种子含油量高，是有开发潜力的生物柴油能源植物。

南蛇藤
Celastrus orbiculatus Thunberg

【形态特征】 木质藤本；小枝光滑无毛，灰棕色或棕褐色，具稀而不明显的皮孔；腋芽小，卵状到卵圆状，长1～3毫米。叶通常阔倒卵形，近圆形或椭圆形，长5～13厘米，宽3～9厘米，先端圆阔，具有小尖头或短渐尖，基部阔楔形至近钝圆形，边缘具锯齿，两面光滑无毛或叶背脉上具稀疏短柔毛，侧脉3～5对；叶柄细长，1～2厘米。聚伞花序腋生或顶生，花序长1～3厘米，小花1～3朵，偶仅1～2朵，小花梗关节在中部以下或近基部；雄花萼片钝三角形；花瓣倒卵状椭圆形或长方形，长3～4厘米，宽2～2.5毫米；花盘浅杯状，裂片浅，顶端圆钝；雄蕊长2～3毫米，退化雌蕊不发达；雌花花冠较雄花窄小，花盘稍深厚，肉质，退化雄蕊极短小；子房近球状，花柱长约1.5毫米，柱头3深裂，裂端再2浅裂。蒴果近球状，直径8～10毫米；种子椭圆状稍扁，长4～5毫米，直径2.5～3毫米，赤褐色。花期5～6月，果期8～10月。

【生境分布】 产于湖北咸丰、宣恩、利川、巴东、兴山、房县、丹江口、罗田、武汉，生于海拔较低的灌木丛中或林内，攀援生长于树上。

【含油量及理化性质】 果皮含油量为68.56%，种子含油量为42.56%～51.2%，种仁含油量为55.58%。脂肪酸组成主要是亚麻酸33.05%、油酸12.05%、亚油酸40.87%、棕榈酸9.82%、硬脂酸2.78%，其他微量。

【利用情况】 城市垂直绿化的优良树种。果实药用，树皮可制作优质纤维。

【繁殖与栽培技术】 种子、分株、压条、扦插繁殖等。播种育苗：10月采收果实，放入水中用手直接搓揉，漂洗出种子，层积沙藏。沙藏时，冬季温度保持在0～15℃之间；沙子选用洁净的河沙，其湿度以手捏能成团但不滴水为宜；种子和河沙分层放置，沙的用量为种子的5倍左右。南蛇藤种子繁殖时，可以秋末播，也可沙藏3～4个月后春播；点播或条播，播后覆土厚度约2厘米，并保持床面土壤湿润而疏松。秋末播种，则次年春季出苗；春播可于当年的4～5月出苗，出苗率均在90%左右。分株、压条繁殖：南蛇藤根部易产生分蘖，可在早春萌芽前进行分株繁殖；在露地根际处，选择较大分蘖苗，从侧面挖掘并将地下茎所发生的萌蘖苗带部分根切下栽植。压条育苗也在春季萌芽前进行，可选择生长良好的枝条，于早春发芽前截去先端不充实的枝梢5～10厘米，剪口留上芽；开一条深约10厘米的浅沟，然后把枝条平放于沟中，间隔一定距离用木钩固定；若土壤干燥应先在沟内浇水，放入藤蔓后覆以浅土。由于藤蔓放平后，顶端优势往往转位于枝条基部未压入土的弯曲处，并常萌发旺枝，应及时抹去；蔓条上的芽大多数能萌发新梢，随其延长，可进行培土和保湿，便可生根，至秋冬落叶后即可分离。扦插繁殖：春季露地扦插，应注意土壤保湿。冬季室内扦插，根插比枝插成活率高。一般于落叶后，在成年植株根部挖出根条剪取，或结合苗圃起苗时剪取，粗度以7～10毫米为好，过细太脆弱，过粗对母株有损伤。根插有极性现象，注意以根颈的一端为形态学上端，不可倒插。

【分析与评价】 南蛇藤是优良藤本植物，植株姿态优美，藤茎壮观；果实成熟后，开裂，露出鲜红色的假种皮，宛如颗颗宝石，具有较高的观赏价值，是城市垂直绿化的优良树种。其树皮可制作优质纤维，拉力强，是纺织和制造高级纸张的原料，经化学脱胶后可与棉麻混纺。种子含油量达42.56%～51.2%，适合作为潜在的燃料油植物发展，市场前景广阔。根、藤、叶及果入药，能祛风除湿、通经止痛、活血解毒，可治小儿惊风、跌打扭伤、蛇虫咬伤等。

粉背南蛇藤
Celastrus hypoleucus (Oliver) Warburg ex Loesener

【形态特征】 落叶藤状灌木。小枝无毛，幼时有白粉，皮孔稀疏，老枝皮孔较密；腋芽圆形；叶椭圆形至宽椭圆形，先端短渐尖，基部宽楔形至圆形，两侧稍偏斜，边缘有稀疏圆锯齿，下面有白粉，脉上有时有疏毛；顶生聚伞状总状花序可长达 10 厘米，腋生花序较小，有 3 ～ 7 朵，花白绿色；蒴果近球形，橙黄色，有长梗，果瓣内面有不整齐的棕褐色斑点；种子 3 ～ 6 粒，稍呈半月形，两端细，黑褐色，外有橙红色假种皮。花期 5 ～ 6 月，果期 8 ～ 10 月。

【生境分布】 产于湖北宣恩、鹤峰等地，生于海拔 1300 ～ 1600 米的林下或沟边阴湿处。

【含油量及理化性质】 种子含油量为 30.79% ～ 36.07%，脂肪酸组成主要是油酸 70.4%、亚油酸 18.76%、棕榈酸 4.27%、硬脂酸 1.36%，其他微量。

【利用情况】 庭园观赏植物。

【繁殖与栽培技术】 种子繁殖。播种育苗：10 月采收果实，放入水中用手直接搓揉，漂洗出种子，层积沙藏，冬季温度保持在 0 ～ 15℃之间。粉背南蛇藤种子也可以秋末播，或沙藏 3 ～ 4 个月后春播。

【分析与评价】 秋季顶生总状果序，成熟的果实橙黄色，开裂露出鲜红色的假种皮，宛如颗颗宝石，长而下垂，远观艳丽诱人，具有较高的观赏价值，可栽种于庭园观赏和用于垂直绿化。种子含油量高，是优良的非粮柴油能源植物，具有较大的研发与应用潜力。

扶芳藤

Euonymus fortunei（Turczaninow）Handel-Mazzetti　别名：爬行卫矛

【形态特征】 常绿藤本灌木，匍匐或攀援生长；小枝方棱不明显。叶薄革质，椭圆形、长方椭圆形或长倒卵形，宽窄变异较大，可窄至近披针形，长 3.5 ～ 8 厘米，宽 1.5 ～ 4 厘米，先端钝或急尖，基部楔形，边缘齿浅不明显，侧脉细微和小脉全不明显；叶柄长 3 ～ 6 毫米。聚伞花序 3 ～ 4 次分枝；花序梗长 1.5 ～ 3 厘米，第一次分枝长 5 ～ 10 毫米，第二次分枝 5 毫米以下，有花 4 ～ 7 朵，分枝中央有单花，小花梗长约 5 毫米；花白绿色，4 数，直径约 6 毫米；花盘方形，直径约 2.5 毫米；花丝细长，长 2 ～ 3 毫米，花药圆心形；子房三角锥状，4 棱，粗壮明显，花柱长约 1 毫米。蒴果粉红色，果皮光滑，近球状，直径 6 ～ 12 毫米；果序梗长 2 ～ 3.5 厘米；小果梗长 5 ～ 8 毫米；种子长椭圆形，棕褐色，假种皮鲜红色，全包种子。花期 6 月，果期 10 ～ 11 月。

【生境分布】 产于湖北咸丰、巴东、丹江口、罗田，生于海拔 400 ～ 1400 米的林缘以及村旁，攀援于树上或墙壁。

【含油量及理化性质】 种子含油量为 25.57% ～ 43.17%，脂肪酸组成主要是油酸 41.77%、亚油酸 29.81%、棕榈酸 19.52%、硬脂酸 3.02%，其他微量。

【利用情况】 茎叶药用。

【繁殖与栽培技术】 种子和扦插繁殖。播种育苗：10 月采收果实，放入水中用手直接搓揉，漂洗出种子，层积沙藏；种子发芽率不高，仅达 50% 左右。扦插繁殖：全年均可扦插，但以 2 ～ 4 月剪取半木质化的成熟藤茎扦插为好。选取健壮的 1 ～ 2 年生枝条，分切成长约 10 厘米的插穗；上部留叶 2 ～ 3 片，插穗上端剪平，下端剪成斜口；为促进插穗多出根，扦插前用 500 毫克 / 升萘乙酸浸泡其下端 15 ～ 20 秒；扦插后压紧土壤，淋一次透水，成活率高，可达 89% ～ 100%；扦插苗生长较快，6 ～ 9 月气温高，日照强，可先插于有遮阳棚的沙床育苗，半月后，再选阴雨天气移植大田。

【分析与评价】 扶芳藤性喜温暖、湿润环境，喜阳光，亦耐阴，在雨量充沛、云雾多、土壤和空气湿度大的条件下，植株生长健壮；对土壤适应性强，酸碱及中性土壤中均能正常生长，可在砂石地、石灰岩山地栽培，较适宜疏松、肥沃的砂质壤土。茎叶，味甘、苦、微辛，性微温，归肝、肾、胃经，有益气血、补肝肾、舒筋活络、散瘀、抗菌消炎的功效，主治气血虚弱，腰肌劳损，风湿痹痛，跌打骨折，创伤出血。近年来研究证明，扶芳藤对抗癌有一定的作用，在抗衰老方面也有独特功效。此外，其种子含油量高，可作为非粮柴油能源植物开发。

卫矛

Euonymus alatus（Thunberg）Siebold　　别名：鬼箭羽、八树

【形态特征】 落叶灌木；小枝常具 2 ～ 4 列宽阔木栓翅；冬芽圆形，长 2 毫米左右，芽鳞边缘具不整齐细坚齿。叶卵状椭圆形、窄长椭圆形，偶为倒卵形，长 2 ～ 8 厘米，宽 1 ～ 3 厘米，边缘具细锯齿，两面光滑无毛；叶柄长 1 ～ 3 毫米。聚伞花序具 1 ～ 3 朵花；花序梗长约 1 厘米，小花梗长 5 毫米；花白绿色，直径约 8 毫米，4 数；萼片半圆形；花瓣近圆形；雄蕊着生于花盘边缘处，花丝极短，开花后稍增长，花药宽阔长方形，2 室顶裂。蒴果 1 ～ 4 深裂，裂瓣椭圆状，长 7 ～ 8 毫米；种子椭圆状或阔椭圆状，长 5 ～ 6 毫米，种皮褐色或浅棕色，假种皮橙红色，全包种子。花期 5 ～ 6 月，果期 7 ～ 10 月。

【生境分布】 产于湖北各地，有栽培。生于海拔 200 ～ 1600 米的山坡、溪边、林下。

【含油量及理化性质】 种子含油量为 36.7% ～ 46.7%，脂肪酸组成主要是亚麻酸 2.32%、油酸 31.17%、亚油酸 45.09%、棕榈酸 18.34%、硬脂酸 2.68%，其他微量。

【利用情况】 供庭院观赏，树皮、根、叶等可提制硬橡胶，带栓翅的枝条药用，种子油供工业用。

【繁殖与栽培技术】 种子和扦插繁殖。播种育苗：10 月采收果实，放入水中用手直接搓揉，漂洗出种子，层积沙藏。扦插繁殖：9 月中旬至 11 月上旬，选取当年生木质化枝条，截成长度为 9 ～ 12 厘米的插穗；保留插穗上部叶片，并剪去叶片的一半，去掉下部叶片，留芽 4 ～ 6 个，随采随插，最好不要过夜；扦插时采用长条板，在板面上钉一排大钉子，然后压一排扦插洞，压一排插一排，株行距为 1 厘米 ×4 厘米；扦插后浇足水，立即用竹片做成小弓棚，再用塑料薄膜封严实，以提高插床地温，增加湿度。扦插苗一般在 5 ～ 6 月就可以进行移栽。

【分析与评价】卫矛喜阳光，稍耐阴，耐寒、耐干旱，对土壤适应性较强；萌芽力强，耐修剪，病虫害很少，栽植成本低，见效快，是优良的园林绿化常用灌木，其树姿秀丽，秋叶红艳，极其美观。其种子含油量在 40% 左右，供工业用油，可作为非粮柴油能源植物开发。其树皮、根、叶等可提制硬橡胶；带栓翅的枝条入药，称鬼箭羽，枝上的木栓翅有活血破瘀之功效。

冬青卫矛
Euonymus japonicus Thunberg

【形态特征】常绿灌木或小乔木；小枝绿色，4棱，具细微皱突。叶革质，有光泽，倒卵形或椭圆形，长3～5厘米，宽2～3厘米，先端圆阔或急尖，基部楔形，边缘具有浅细钝齿；叶柄长约1厘米。聚伞花序具5～12朵花，花序梗长2～5厘米，2～3次分枝，分枝及花序梗均扁壮，第三次分枝常与小花梗等长或较短；小花梗长3～5毫米；花白绿色，直径5～7毫米；花瓣近卵圆形，长宽各约2毫米，雄蕊花药长圆状，内向；花丝长2～4毫米；子房每室生2枚胚珠，着生于中轴顶部。蒴果近球状，直径约8毫米，淡红色；种子每室1粒，顶生，椭圆状，长约6毫米，直径约4毫米，假种皮橘红色，全包种子。花期6～7月，果期9～10月。

【生境分布】产于湖北鹤峰、罗田，生于海拔700米以下的沟边或山坡林中。

【含油量及理化性质】种子含油量为31.59%～42.7%，脂肪酸组成主要是亚麻酸4.27%、油酸17.03%、亚油酸58.72%、棕榈酸13.42%、硬脂酸2.26%，其他微量。

【利用情况】供观赏或作绿篱，种子及根可入药。

【繁殖与栽培技术】种子和扦插繁殖。播种育苗：10月采收果实，放入水中用手直接搓揉，漂洗出种子，层积沙藏，催芽后播种。扦插繁殖：全年均可扦插。选当年生木质化枝条，或健壮的一至二年生枝条，分切成长约10厘米的插穗；上部留叶2～3片，插穗上端剪平，下端剪成斜口，将插穗下端2/3插入土中。

【分析与评价】冬青卫矛在园林庭院中普遍栽培，供观赏或作绿篱，目前已培育出很多品种。其树皮含硬橡胶，种子可榨取工业用油，也可入药；根有利尿、强壮之效。

梧桐

Firmiana simplex（Linnaeus）W. Wight

【形态特征】落叶乔木；树皮青绿色，平滑。叶心形，掌状 3 ～ 5 裂，直径 15 ～ 30 厘米，裂片三角形，顶端渐尖，基部心形，两面均无毛或略被短柔毛，基生脉 7 条，叶柄与叶片等长。圆锥花序顶生，长 20 ～ 50 厘米，下部分枝长达 12 厘米，花淡黄绿色；萼片 5 深裂几至基部，萼片条形，向外卷曲，长 7 ～ 9 毫米，外面被淡黄色短柔毛，内面仅在基部被柔毛；花梗与花几等长；雄花的雌雄蕊柄与萼等长，下半部较粗，无毛，花药 15 个不规则地聚集在雌雄蕊柄的顶端，退化子房梨形且甚小；雌花的子房圆球形，被毛。蓇葖果膜质，有柄，成熟前开裂成叶状，长 6 ～ 11 厘米，宽 1.5 ～ 2.5 厘米，外面被短茸毛或几无毛，每个蓇葖果有种子 2 ～ 4 个；种子圆球形，直径约 7 毫米。花期 6 ～ 7 月，果期 9 ～ 10 月。

【生境分布】产于湖北宣恩、咸丰、巴东、利川、建始、兴山、神农架、崇阳、武汉，生于海拔 1000 米以下的山坡林中或沟边。

【含油量及理化性质】种子含油量为 21.1% ～ 38.9%，脂肪酸组成主要是油酸 22.15%、亚油酸 45.83%、棕榈酸 26.36%、硬脂酸 4.09%，其他微量。

【利用情况】园林观赏树种。种子、叶、花、根皮等均可药用。种子可炒食或榨油。树皮纤维可作造纸和织绳原料。

【繁殖与栽培技术】种子、扦插和分根繁殖。播种育苗：9 ～ 10 月采收种子，种子失水容易丧失发芽力，以湿沙层积湿藏到次年 3 月上旬，将梧桐种子用 60 ～ 80℃温水浸种，并且要随时注水随时搅拌，直至水温降至常温为止；浸种 24 小时后用清水洗净捞出，与湿沙混置于背风向阳处，堆置厚度不超过 30 厘米，表面覆以湿润包片或草帘。堆放催芽期间，需经常进行翻倒和补充水分；待种子开始发芽后，即行播种，发芽率为 85% ～ 90%。扦插繁殖：主要采用硬枝，有时也用嫩枝扦插。春秋两季均可进行硬枝扦插，但以秋季扦插、翌春移植的效果良好；嫩枝扦插一般在夏季进行。插穗 8 ～ 10 厘米长，具 3 ～ 4 节，顶端保留 1 对完好的叶片；以 50 ～ 100 毫克 / 升浓度的吲哚乙酸或萘乙酸溶液处理插穗 12 ～ 24 小时后扦插；插床基质可选用河沙或蛭石。

【分析与评价】梧桐是阳性树种，适应性强；根肉质，不耐寒、积水和草荒；秋季落叶很早，故有"梧桐一叶落，天下尽知秋"之说；其树冠呈卵圆状，树干端直，树皮光滑，叶翠枝青；叶大美丽，绿荫浓密，且秋季转为金黄色，为优良的行道树，是我国传统的风景树和庭荫树，适于草坪、庭院、宅前、坡地、草地、湖畔孤植、丛植或列植，其对二氧化硫和氟化氢有较强的抗性，也是居民区、工厂区绿化的好树种。其种子、叶、花、根皮等均可入药，梧桐种子味甘、平，可顺气、和胃、消食，叶苦、寒，含黄酮苷、香豆素等，可治风湿疼痛、腰腿麻木，也可杀蝇蛆，根淡、平，能祛风湿、和血脉、通经络。种子含脂肪油，营养丰富，可炒食或榨油，为不干性油。树皮富含纤维，可做造纸和织绳原料。其木材轻软，为制木匣和乐器的良材；木材刨片可浸出黏液，称刨花，可润发。

刺楸

Kalopanax septemlobus（Thunberg）Koidzumi　　别名：**刺枫、丁桐皮、楸树**

【形态特征】落叶乔木；树皮暗灰棕色，小枝淡黄棕色或灰棕色，散生粗刺；刺基部宽阔扁平，通常长 5 ～ 6 毫米，基部宽 6 ～ 7 毫米，在茁壮枝上的长达 1 厘米以上，宽 1.5 厘米以上。叶片纸质，在长枝上互生，在短枝上簇生，圆形或近圆形，直径 9 ～ 25 厘米，稀达 35 厘米，掌状 5 ～ 7 浅裂，裂片阔三角状卵形至长圆状卵形，长不及全叶片的 1/2，茁壮枝上的叶片分裂较深，裂片长超过全叶片的 1/2，先端渐尖，基部心形，上面深绿色，无毛或几无毛，下面淡绿色，幼时疏生短柔毛，边缘有细锯齿，放射状主脉 5 ～ 7 条，两面均明显；叶柄细长，长 8 ～ 50 厘米，无毛。圆锥花序大，长 15 ～ 25 厘米，直径 20 ～ 30 厘米；伞形花序直径 1 ～ 2.5 厘米，有花多数；总花梗细长，长 2 ～ 3.5 厘米，无毛；花梗细长，无毛或稍有短柔毛，长 5 ～ 12 毫米；花白色或淡绿黄色；萼无毛，长约 1 毫米，边缘有 5 小齿；花瓣 5，三角状卵形，长约 1.5 毫米；雄蕊 5；花丝长 3 ～ 4 毫米；子房 2 室，花盘隆起；花柱合生成柱状，柱头离生。果实球形，直径约 5 毫米，蓝黑色；宿存花柱长 2 毫米。花期 7 ～ 10 月，果期 9 ～ 11 月。

【生境分布】产于湖北来凤、宣恩、鹤峰、利川、建始、巴东、崇阳，生于海拔 1400 米以下的山坡、山顶稀疏丛林中或路边向阳处。

【含油量及理化性质】种子含油量为 21.98% ～ 31.1%，脂肪酸组成主要是亚麻酸 0.57%、油酸 59.46%、亚油酸 13.97%、棕榈酸 11.65%、棕榈油酸 12.27%、硬脂酸 1.68%，其他微量。

【利用情况】木材供建筑、家具等多种用材。树皮、根皮药用。嫩叶可食。树皮及叶可提制栲胶。种子油可供工业用。

【繁殖与栽培技术】种子和根插繁殖。播种育苗：秋季采收果实，用清水浸泡至果肉胀起时搓去果肉，去秕粒，出种率可达 60% 左右；种子再用清水浸泡 5 ～ 7 天，使种子充分吸水，每隔 2 天换一次水；捞出控干，并与 2 ～ 3 倍种子量的湿沙混匀，置于室外，上面覆盖 10 ～ 15 厘米厚的细土，再盖上柴草或草帘子，进行低温沙藏处理，春季播种。根插繁殖时，注意以根颈的一端为形态学上端，不可倒插。

【分析与评价】刺楸适应性很强、喜阳光充足，稍耐阴，耐寒冷，水湿丰富，多生于腐殖质较多的林中和向阳山坡，但在岩质山地也能生长；除野生外，也有栽培；树干通直挺拔，满身的硬刺就像刺猬一般，体现出粗犷的野趣，可作园林观赏树种。木材纹理美观，木质坚硬细腻，有光泽，可作为建筑、家具、车辆、乐器、雕刻等的良好用材。树皮经洗净，去刺，润透，切丝，晒干后入药，性味苦辛、平，有祛风、除湿、杀虫、活血的功效，常用来治疗风湿痹痛、腰膝痛、痈疽、疮癣。根皮为民间草药，有清热祛痰、收敛镇痛之效。嫩叶采摘后可供食用，是一种既美味又营养的野菜。树皮及叶含鞣酸，可提制栲胶。种子可榨油，供工业用。

棟叶吴萸

Tetradium glabrifolium（Champion ex Bentham）T. G. Hartley　别名：臭辣吴萸

【形态特征】落叶乔木；树皮平滑，暗灰色，嫩枝紫褐色，散生小皮孔。叶有小叶 5 ～ 9 片，很少 11 片，小叶斜卵形至斜披针形，长 8 ～ 16 厘米，宽 3 ～ 7 厘米，生于叶轴基部的较小，小叶基部通常一侧圆，另一侧楔尖，两侧较不对称，叶面无毛，叶背灰绿色，干后带苍灰色，沿中脉两侧有灰白色卷曲长毛，或在脉腋上有卷曲丛毛，油点不显或甚细小且稀少，叶缘波纹状或有细钝齿，叶轴及小叶柄均无毛，侧脉每边 8 ～ 14 条；小叶柄长度很少达 1 厘米。花序顶生，花甚多；5 基数；萼片卵形，长不及 1 毫米，边缘被短毛；花瓣长约 3 毫米，腹面被短柔毛；雄花的雄蕊长约 5 毫米，花丝中部以下被长柔毛，退化雌蕊顶部 5 深裂，裂瓣被毛；雌花的退化雄蕊甚短，通常难见，子房近圆球形，无毛，花柱长约 0.5 毫米。成熟心皮 4 ～ 5 个，稀 3 个，紫红色，每个果瓣有 1 粒种子；种子长约 3 毫米，宽约 2.5 毫米，褐黑色，有光泽。花期 7 ～ 9 月，果期 10 ～ 12 月。

【生境分布】产于湖北利川、巴东、兴山、罗田、崇阳、武汉，生于海拔 1600 米以下的山坡林中或村边路旁。

【含油量及理化性质】 种子含油量为 26.35% ～ 37.8%，脂肪酸组成主要是亚麻酸 1.22%、油酸 42.5%、亚油酸 37.09%、棕榈酸 13.64%、硬脂酸 1.56%，其他微量。

【利用情况】 根及果实作草药。

【繁殖与栽培技术】 种子繁殖。

【分析与评价】棟叶吴萸为速生树种，鲜叶、树皮及果皮均有臭辣气味，其中以果皮的气味最浓。材质中等，适于作一般家具用材。根及果实可作草药，有健胃、祛风、镇痛、消肿之功效。种子可榨油。

朴树
Celtis sinensis Persoon

【形态特征】落叶乔木；高达 30 米，树皮灰白色；当年生小枝幼时密被黄褐色短柔毛，老后毛常脱落，去年生小枝褐色至深褐色，有时还残留柔毛；冬芽棕色，鳞片无毛。叶厚纸质至近革质，通常卵状椭圆形或菱形，长 5 ～ 13 厘米，宽 3 ～ 5.5 厘米，基部多偏斜，一侧近圆形，一侧楔形，先端渐尖至短尾状渐尖，边缘变异较大，近全缘至具钝齿，幼时叶背常和幼枝、叶柄一样，密生黄褐色短柔毛，老时或脱净或残存，变异也较大。果梗常 2 ～ 3 枚（少有单生）生于叶腋，其中一枚果梗（实为总梗）常有 2 果（少有多至 4 果），其他的具 1 果，无毛或被短柔毛，长 7 ～ 17 毫米；果成熟时黄色至橙黄色，近球形，直径约 8 毫米；核近球形，直径约 5 毫米，具 4 条肋，表面有网孔状凹陷。花期 5 月，果期 7 ～ 9 月。

【生境分布】产于湖北建始、利川、巴东、秭归、崇阳、武汉，多生于平地房前屋后或河岸边。喜湿润及肥沃浓厚的黏土，耐阴。

【含油量及理化性质】种子含油量为 17.1% ～ 32.45%，脂肪酸组成主要是油酸 11.25%、亚油酸 80.2%、棕榈酸 4.49%、硬脂酸 3.08%，其他微量。

【利用情况】果可食用。果核榨油供制肥皂和机械润滑油。树皮纤维可作为人造棉和造纸的原料。木材可制家具。

【繁殖与栽培技术】种子繁殖。播种育苗：9 月采种后堆放后熟，翌春 3 月进行条播。苗床选择疏松肥沃的土壤，播种后覆土盖草，种子约 30 天发芽出土。幼苗生长期间，中耕除草，适当浇水和施肥（以磷钾肥为主）。移栽定植可在秋季落叶后至春季萌芽前进行。

【分析与评价】朴树土壤适应性强，可在微酸性、微碱性、中性和石灰性土壤中生长，其树形优美，常作园林观赏树种。果可食用，果核可榨油，供制肥皂和机械润滑油。树皮纤维可制绳索，又可作为人造棉及造纸的原料。木材可制家具，又可作枕木或建筑等用。

黑壳楠
Lindera megaphylla Hemsley

【形态特征】 常绿乔木，树皮灰黑色。枝条圆柱形，紫黑色无毛，散布有木栓质凸起的近圆形纵裂皮孔。顶芽大，卵形；叶互生革质，倒披针形至倒卵状长圆形，有时长卵形，上面深绿色，背面淡绿苍白色，两面无毛；羽状脉，侧脉每边 15 ～ 21 条；伞形花序多花，通常着生于具顶芽的短枝叶腋处，雄花黄白色，雌花黄绿色，均密被黄褐色小柔毛。果椭圆形至卵形，成熟时紫黑色，无毛，宿存果托杯状，全缘，略呈微波状。花期 1 ～ 4 月，果期 9 ～ 12 月。

【生境分布】 产于湖北来凤、宣恩、鹤峰、恩施、利川、建始、巴东、长阳、兴山、宜昌、房县、神农架、咸宁、崇阳、罗田，生于海拔 200 ～ 1300 米的山沟旁、山谷林中或灌丛中。

【含油量及理化性质】 种子含油量为 46.8% ～ 53.8%，脂肪酸组成主要是油酸 43.4%、亚油酸 44.02%、棕榈酸 7.93%、硬脂酸 1.97%，其他微量。

【利用情况】 木材可作装饰薄木、家具及建筑用材。种子油可供制皂根。树皮或枝药用。

【繁殖与栽培技术】 种子繁殖。播种育苗：10 月采种，温水浸泡 24 小时，再将种子和湿沙按照 1 ：3 的比例混合均匀，其中湿沙以手抓之不滴水、松开即散为度；把与湿沙混合好的种子装在箩筐内，置于室内通风处储藏，每周翻动 1 次，并根据沙的干湿情况浇水。3 月中旬，取出沙藏种子，用 0.5% 高锰酸钾溶液浸泡种子 30 分钟（若胚根已经伸出种皮，不可用高锰酸钾溶液消毒），捞出后用清水反复冲洗干净，再用 0.01% 赤霉素溶液浸泡种子 24 小时，捞出晾干，撒播；播种 17 天后胚轴连同子叶开始陆续出土，种子发芽期可持续 40 天左右，无明显的发芽盛期，5 月上旬基本结束。播种苗床用生石灰和漂白粉对土壤进行消毒，配制好后用塑料薄膜覆盖 90 天后即可用，用时调节基质的 pH 值为 6 左右；种子苗施肥：6 ～ 8 月以氮肥为主，促进苗木生长，9 月停止氮肥的施用，增施磷、钾肥，促进苗木木质化。

【分析与评价】 黑壳楠木材黄褐色，纹理直，结构细，可作装饰薄木、家具及建筑用材。种子含油量约 50%，为不干性油，可供制皂。果皮、叶含芳香油，可作调香原料。根、树皮或枝，有祛风除湿、温中行气、消肿止痛的功效，主治风湿痹痛、肢体麻木疼痛、脘腹冷痛、疝气疼痛、咽喉肿痛、癣疮瘙痒。

樟

Cinnamomum camphora（Linnaeus）J. Presl　别名：香樟、樟树、臭樟

【形态特征】常绿大乔木，高可达 30 米。树皮黄褐色，有不规则纵裂；顶芽广卵形或圆球形，鳞片宽卵形至近圆形，外面略被绢状毛；枝、叶及木材均有樟脑气味；枝条圆柱形，淡褐色，无毛。叶互生，卵状椭圆形，先端急尖，全缘，上面绿色或黄绿色，下面黄绿色或灰绿色，晦暗，两面无毛或下面幼时略被微柔毛；具离基三出脉，有时过渡到基部具不明显的 5 条脉，中脉两面明显，基生侧脉向叶缘一侧有少数支脉，侧脉及支脉脉腋上面明显隆起；叶柄纤细无毛。圆锥花序腋生，具梗，花绿白色或带黄色；果卵球形或近球形，紫黑色。花期 4～5 月，果期 8～11 月。

【生境分布】产于湖北各地低山，也多栽培。

【含油量及理化性质】果实含油量为 32.4%，种子含油量为 37.1%～49.75%。脂肪酸组成主要是月桂酸 50.29%、癸酸 42.12%、亚油酸 3.73%、棕榈酸 1.38%，其他微量。

【利用情况】园林树种。枝叶可制樟脑和樟油。根、木材、树皮、叶及果可入药。

【繁殖与栽培技术】种子、扦插和分蘖繁殖。播种育苗：10 月采种，50℃温水浸种 12～24 小时，0.5% 高锰酸钾溶液消毒 2 小时后，沙藏催芽；2 月上旬至 3 月上旬播种育苗。长江以南气温较高地区也可在冬季随采随播。樟树主根发达，侧根稀少，苗木必须经过两次移栽培育促使多生细根后，定植才容易成活。大树移栽以芽刚开始萌发时为好，并且重剪树冠，带大土球，树干绑缚草绳保湿，才能成活。扦插繁殖常采用嫩枝扦插。分蘖繁殖采用根蘖分栽法。

【分析与评价】樟树的枝、叶及木材均有樟脑气味，能提取樟脑和樟油，若采叶制樟脑，可选择"丛式造林"，即林地达到 10 年左右时，冬季将樟树砍伐，把树干、枝粉碎后，同叶一起蒸制樟脑和樟油，可供医药及香料工业用。樟树是优美的园林树种，也是江南民间及寺庙喜种的传统风水树和景观树。其根、木材、树皮、叶及果可入药，性微温，味辛，有祛风散寒、理气活气、止痛止痒、强心镇痉和杀虫等功效。根和木材可治感冒头痛、风湿骨痛、跌打损伤、克山病；树皮和叶外用可治慢性下肢溃疡、皮肤瘙痒，熏烟可驱杀蚊子；果可治胃腹冷痛、食滞、腹胀、胃肠炎。

鸭公树
Neolitsea chuii Merrill

【形态特征】 常绿乔木，高 8～18 米，胸径达 40 厘米；树皮灰青色或灰褐色。小枝绿黄色，除花序外，其他各部均无毛。顶芽卵圆形。叶互生或聚生枝顶呈轮生状，椭圆形至长圆状椭圆形或卵状椭圆形，长8～16 厘米，宽 2.7～9 厘米，先端渐尖，基部尖锐，革质，叶面深绿色，有光泽，叶背粉绿色，离基三出脉，侧脉每边 3～5 条，最下一对侧脉离叶基 2～5 毫米处发出，近叶缘处弧曲，其余侧脉自叶片中部和中部以上发出，横脉明显，中脉与侧脉于两面突起；叶柄长 2～4 厘米。伞形花序腋生或侧生，多个密集；总梗极短或无；苞片 4，宽卵形，长约 3 毫米，外面有稀疏短柔毛；每一个花序有花 5～6 朵；花梗长 4～5 毫米，被灰色柔毛；花被裂片 4，卵形或长圆形，外面基部及中肋被柔毛。内面基部有柔毛。雄花：能育雄蕊 6，花丝长约 3 毫米，基部有柔毛，第 3 轮基部的腺体肾形，退化子房卵形，无毛，花柱有稀疏柔毛。雌花；退化雄蕊基部有柔毛，子房卵形，无毛，花柱有稀疏柔毛。果椭圆形或近球形，长约 1 厘米，直径约 8 毫米；果梗长约 7 毫米，略增粗。花期 9～10 月，果期 12 月。

【生境分布】 产于湖北通山，武汉有栽培。生于海拔 500～1400 米的山谷或丘陵的疏林中。

【含油量及理化性质】 种子含油量达 46.33%，脂肪酸组成主要是油酸 15.76%、亚油酸 73.33%、棕榈酸 8.34%、硬脂酸 1.2%，其他微量。

【利用情况】 种子油供制肥皂和润滑油等。

【繁殖与栽培技术】 种子繁殖。播种育苗：采收果实，清水浸泡 1～3 天后除去果肉，再加入草木灰拌匀脱脂 12～24 小时，洗净阴干后储藏；或者利用堆沤、镇压，然后用清水洗净去除杂质，最后用含水率 30% 的湿沙、锯屑、谷壳等沉积沙藏。每公斤鲜果经堆沤或清水浸泡和草木灰拌匀脱脂处理，可得种子 0.3 公斤，从"小雪"到"惊蛰"期间都可播种。播种前，用 0.5% 高锰酸钾溶液浸种 2 小时，进行消毒杀菌，再用 50℃ 温水浸种，自然冷却，如此 3～4 次反复处理，可以提前 10～13 天发芽，发芽率达 70%～90%。也可采用湿沙层积法催芽，待种壳开裂露白时播种，以条播为宜。

【分析与评价】 种子含油量高，供制肥皂和润滑油等。树形优美，可作园林绿化树种。

猴樟
Cinnamomum bodinieri H.Levleille

【形态特征】 常绿乔木。小枝圆柱形，无毛，暗棕紫色，初生小枝有角棱。叶互生，纸质，卵圆形或椭圆状圆形，先端短渐尖，基部宽楔形，叶面初被微柔毛，后无毛而有光亮，叶背稍呈苍白色，初被灰色绢毛，后被微柔毛，侧脉显著，4～6对，互生，最后一对有时稍为对生；叶柄细弱；圆锥花序腋生或侧生在幼枝上，再三歧分枝，花梗短，丝状；果球形，果梗先端膨大，宿存花被先端反曲，果托盘状。花期5月，果期8月。

【生境分布】 产于湖北来凤、宣恩、鹤峰、恩施、利川、建始、巴东、宜昌，生于海拔700～1480米的低山路旁、沟边、疏林或灌丛中。

【含油量及理化性质】 种子含油量达52.4%，脂肪酸组成主要是亚麻酸18.44%、油酸41.2%、亚油酸28.45%、棕榈酸8.54%、硬脂酸2.18%，其他微量。

【利用情况】 枝叶含芳香油。果仁含脂肪。果实药用。

【繁殖与栽培技术】 种子繁殖。播种育苗：10～11月采种，经腐烂，水洗搓去种皮，洗净阴干，然后混沙储藏。3月初取出种子作催芽处理，先用50℃温水浸种，自然冷却后再换50℃温水浸种，如此反复3～4次，可使种子提早发芽10～15天；也可用薄膜包催芽法，即把混有河沙的种子，用薄膜包好，放在太阳下晒，每天翻动2～3次，并保持湿润，直到有少量种子开始发芽时再播种。条播，用种量为10～15公斤/亩，播后覆土盖稻草或地膜，保持苗床表土湿润，以利于种子发芽。

【分析与评价】 猴樟树形优美，是优良的园林树种。果仁含脂肪，可榨油，供制肥皂及润滑油；枝叶、木材含芳香油，可提取。果实药用，有散寒行气止痛的功效，主治虚寒胃痛、腹痛、疝气疼痛等症。

宜昌润楠
Machilus ichangensis Rehder & E. H. Wilson

【形态特征】乔木，高 7 ～ 15 米，树冠卵形。小枝纤细而短，无毛，褐红色，极少褐灰色。顶芽近球形，芽鳞近圆形，先端有小尖，外面有灰白色但很快脱落的小柔毛，边缘常有浓密的缘毛。叶常集生于当年生枝上，长圆状披针形至长圆状倒披针形，长 10 ～ 24 厘米，宽 2 ～ 6 厘米，通常长约 16 厘米，宽约 4 厘米，先端短渐尖，有时尖头稍呈镰形，基部楔形，纸质，上面无毛，稍光亮，下面带粉白色，有贴伏小绢毛或变无毛，中脉上面凹下，下面明显突起，侧脉纤细，每边 12 ～ 17 条，上面稍凸起，侧脉间有不规则的横行脉，小脉很纤细，结成细密网状，两面均稍突起，有时在上面构成蜂巢状浅窝穴；叶柄纤细，长 0.8 ～ 2 厘米，很少长达 2.5 厘米。圆锥花序生于当年生枝基部脱落苞片的腋内，长 5 ～ 9 厘米，有灰黄色贴伏小绢毛或变无毛，总梗纤细，长 2.2 ～ 5 厘米，带紫红色，约在中部分枝，下部分枝有花 2 ～ 3 朵；花梗长 5 ～ 7（9）毫米，有贴伏小绢毛；花白色，花被裂片长 5 ～ 6 毫米，外面和内面上端有贴伏小绢毛，先端钝圆，外轮的稍狭；雄蕊较花被稍短，近等长，花丝长约 2.5 毫米，无毛；花药长圆形，长约 1.5 毫米，第 3 轮雄蕊腺体近球形，有柄；退化雄蕊三角形，稍尖，基部平截，连柄长约 1.8 毫米；子房近球形，无毛；花柱长 3 毫米，柱头小，头状。果序长 6 ～ 9 厘米；果近球形，直径约 1 厘米，黑色，有小尖头；果梗不增大。花期 4 月，果期 8 月。

【生境分布】产于湖北咸丰、利川、兴山、宜昌，武汉有栽培，生于海拔 560~1400 米的山坡或山谷的疏林内。

【含油量及理化性质】种子含油量为 30.23% ～ 50%，脂肪酸组成主要是油酸 34.16%、亚油酸 3.03%、棕榈油酸 0.91%、棕榈油酸 1.98%、硬脂酸 47.55%，其他微量。

【利用情况】观赏树种。树皮作褐色染料。种子油供制肥皂和润滑油。

【繁殖与栽培技术】种子繁殖。播种育苗：8 月采收果实，经腐烂，水洗搓去种皮，洗净后混湿沙储藏；3 月初取出种子作催芽处理，先用 50℃温水浸种，自然冷却后保持湿润，直到有少量种子开始发芽时播种；常采用条播，播后覆土盖稻草或地膜，保持苗床表土湿润，以利于种子发芽。

【分析与评价】树形优美，果梗红色，可供观赏，但目前仍处于野生状态，是一种有开发潜力的园林观赏植物。种子含油量高，种子油供制肥皂和润滑油。宜昌润楠是极具开发价值的木本油脂植物。树皮可作褐色染料。

檫木
Sassafras tzumu（Hemsley）Hemsley

【形态特征】 落叶乔木，高可达 35 米，胸径达 2.5 米；树皮幼时黄绿色，平滑，老时变灰褐色，呈不规则纵裂。顶芽大，椭圆形，长达 1.3 厘米，直径 0.9 厘米，芽鳞近圆形，外面密被黄色绢毛。枝条粗壮，近圆柱形，多少具棱角，无毛，初时带红色，干后变黑色。叶互生，聚集于枝顶，卵形或倒卵形，长 9 ～ 18 厘米，宽 6 ～ 10 厘米，先端渐尖，基部楔形，全缘或 2 ～ 3 浅裂，裂片先端略钝，纸质，上面绿色，晦暗或略光亮，下面灰绿色，两面无毛或下面尤其是沿脉网疏被短硬毛，羽状脉或离基三出脉，中脉、侧脉及支脉两面稍明显，最下方一对侧脉对生，十分发达，向叶缘一侧生出多数支脉，支脉向叶缘弧状网结；叶柄纤细，长（1）2 ～ 7 厘米，鲜时常带红色，腹平背凸，无毛或略被短硬毛。花序顶生，先叶开放，长 4 ～ 5 厘米，多花，具梗，梗长不及 1 厘米，与序轴密被棕褐色柔毛，基部有迟落互生的总苞片；苞片线形至丝状，长 1 ～ 8 毫米，位于花序最下部者最长。花黄色，长约 4 毫米，雌雄异株；花梗纤细，长 4.5 ～ 6 毫米，密被棕褐色柔毛。雄花：花被筒极短，花被裂片 6，披针形，近相等，长约 3.5 毫米，先端稍钝，外面疏被柔毛，内面近于无毛；能育雄蕊 9，成三轮排列，近相等，长约 3 毫米，花丝扁平，被柔毛，第一、二轮雄蕊花丝无腺体，第三轮雄蕊花丝近基部有一对具短柄的腺体，花药均为卵圆状长圆形，4 室，上方 2 室较小，药室均内向，退化雄蕊 3，长 1.5 毫米，三角状钻形，具柄；退化雌蕊明显。雌花：退化雄蕊 12，排成四轮，体态上类似雄花；子房卵形，长约 1 毫米，无毛，花柱长约 1.2 毫米，柱头盘状。果近球形，直径达 8 毫米，成熟时蓝黑色而带有白蜡粉，着生于浅杯状的果托上，果梗长 1.5 ～ 2 厘米，上端渐增粗，无毛，与果托呈红色。花期 3 ～ 4 月，果期 5 ～ 9 月。

【生境分布】 产于湖北来凤、宣恩、鹤峰、恩施、利川、建始、巴东、兴山、通山，生于海拔 150 ～ 1900 米的沟边林中或山坡林中。

【含油量及理化性质】 种子含油量为 26.43% ～ 38.6%，脂肪酸组成主要是油酸 48.9%、亚油酸 35.65%、棕榈酸 7.26%、硬脂酸 4.27%，其他微量。

【利用情况】 速生造林树种和早春观花植物。根和树皮可入药。

【繁殖与栽培技术】 种子繁殖。播种育苗：8 月采收果实，经腐烂，水洗搓去种皮，洗净后混湿沙储藏；3 月初取出种子作催芽处理，先用 40 ～ 50℃温水浸种几次，待温水自然冷却后保持湿润，直到有少量种子开始发芽时再播种；点播，播后覆土盖稻草或地膜，保持苗床表土湿润，以利于种子发芽。

【分析与评价】 檫木喜光，速生，5 年生种苗高度可达 7 ～ 10 米，先花后叶，是优良的速生造林树种和早春观花植物。树皮、根及叶入药，可活血散瘀、祛风去湿，治扭挫伤和腰肌劳伤。果、叶和根含芳香油。木材浅黄色，材质优良，细致，耐久，用于造船、水车及上等家具制作。种子油主要供制油漆。

豹皮樟

Litsea coreana var. *sinensis*（Allen）Yang et P.H.Huang

【形态特征】 常绿乔木，高 8 ～ 15 米，胸径 30 ～ 40 厘米；树皮灰色，呈小鳞片状剥落，脱落后呈鹿皮斑痕。幼枝红褐色，无毛，老枝黑褐色，无毛。顶芽卵圆形，先端钝，鳞片无毛或仅上部有毛。叶互生，倒卵状椭圆形或倒卵状披针形，长 4.5 ～ 9.5 厘米，宽 1.4 ～ 4 厘米，先端钝渐尖，基部楔形，革质，叶面深绿色，无毛，叶背粉绿色，无毛，羽状脉，侧脉每边 7 ～ 10 条，在两面微突起，中脉在两面突起，网脉不明显；叶柄长 6 ～ 16 毫米，无毛。伞形花序腋生，无总梗或有极短的总梗；苞片 4，交互对生，近圆形，外面被黄褐色丝状短柔毛，内面无毛；每一个花序有花 3 ～ 4 朵；花梗粗短，密被长柔毛；花被裂片 6，卵形或椭圆形，外面被柔毛；雄蕊 9，花丝有长柔毛，腺体箭形，有柄，无退化雌蕊；雌花中子房近球形，花柱有稀疏柔毛，柱头 2 裂；退化雄蕊丝状，有长柔毛。果近球形，直径 7 ～ 8 毫米；果托扁平，宿存有 6 裂花被裂片；果梗长约 5 毫米，颇粗壮。花期 8 ～ 9 月，果期翌年 5 ～ 6 月。

【生境分布】 产于湖北宣恩、咸丰、鹤峰、恩施、利川、建始、咸宁、英山、兴山、通山、罗田、麻城、红安，生于海拔 150 ～ 900 米的沟边林中或山坡林中。

【含油量及理化性质】 种子含油量为 36.45% ～ 42.18%，脂肪酸组成主要是亚麻酸 59.12%、油酸 13.93%、亚油酸 14.48%、棕榈酸 7.38%、硬脂酸 2.17%，其他微量。

【利用情况】 根皮和茎皮药用。

【繁殖与栽培技术】 种子繁殖。播种育苗：5 月采收种子，经腐烂，水洗搓去种皮，洗净后用 50℃温水浸种，待温水自然冷却后保持湿润，然后混湿沙储藏催芽，直到有少量种子开始发芽时再播种。播后覆土盖稻草或地膜，保持苗床表土湿润，以利于种子发芽。

【分析与评价】 豹皮樟树皮呈小鳞片状剥落，剥落后形成鹿皮斑痕；果成熟时由红色变为黑色，具有很高的观赏价值，可开发成园林树种。其种子含油量高，是有开发潜力的木本柴油植物。根皮、茎皮有祛湿消肿、行气止痛之功效，可治气滞、胃脘痛、水肿。

毛豹皮樟

Litsea coreana var.*lanuginosa*（Migo）Yang et P.H.Huang   别名：老英茶

【形态特征】与原变种豹皮樟的不同在于，其嫩枝密被灰黄色长柔毛，嫩叶两面均有灰黄色长柔毛，老叶下面仍有稀疏毛，叶柄长 1 ～ 2.2 厘米，被灰黄色长柔毛。

【生境分布】产于湖北竹溪，生于海拔 700 ～ 2300 米以下山坡杂林间。

【含油量及理化性质】种子含油量为 36.45% ～ 62.6%，脂肪酸组成主要是亚麻酸 0.24%、油酸 26.58%、亚油酸 12.64%、肉豆蔻酸 51.64%、棕榈酸 6.04%、硬脂酸 1.84%，其他微量。

【利用情况】民间作为"老英茶"饮用。

【繁殖与栽培技术】种子繁殖。播种育苗：5 ～ 6 月采种，经腐烂，水洗搓去种皮，洗净后用 50℃温水浸种，待温水自然冷却后保持湿润，然后混湿沙储藏催芽，直到有少量种子开始发芽时再播种。播后覆土盖稻草或地膜，保持苗床表土湿润，以利于种子发芽。

【分析与评价】在竹溪山区，毛豹皮樟的叶片被制成绿茶，民间作为"老英茶"饮用，有兰麝之香，经夜不馊，具醒神、强心、开窍、生津、消暑之功效，特别是健胃消食、消除油腻的功效显著，长期饮用可降血脂、降血压，有驻颜美容之作用，具药用保健作用。树皮呈小鳞片状剥落，剥落后形成鹿皮斑痕，有很高的观赏价值，可开发成园林绿化树种。种子含油量高，是有开发潜力的木本柴油植物。

川桂

Cinnamomum wilsonii Gamble　别名：三条筋、桂皮、官桂、山桂枝

【形态特征】常绿乔木。枝条圆柱形，干时深褐色或紫褐色。叶互生或近对生，卵圆形或卵圆状长圆形，长 8.5～18 厘米，宽 3.2～5.3 厘米，先端渐尖，尖头钝，基部渐狭下延至叶柄，革质，边缘软骨质而内卷，叶面绿色，光亮，无毛，叶背灰绿色，晦暗，幼时明显被白色丝毛但最后变无毛，离基三出脉，中脉与侧脉两面凸起，干时均呈淡黄色，侧脉自离叶基 5～15 毫米处生出，向上弧曲，至叶端渐消失，外侧有时具 3～10 条支脉但常无明显的支脉，支脉弧曲且与叶缘的肋连接，横脉弧曲状，多数，纤细，叶背明显；叶柄长 10～15 毫米，腹面略具槽，无毛。圆锥花序腋生，长 3～9 厘米，单一或多数密集，少花，近总状或为 2～5 朵花的聚伞状，具梗，总梗纤细，长 1.5～6 厘米，与序轴均无毛或疏被短柔毛。花白色，长约 6.5 毫米；花梗丝状，长 6～20 毫米，被细微柔毛。花被内外两面被丝状微柔毛，花被筒倒锥形，长约 1.5 毫米，花被裂片卵圆形，先端锐尖，近等大，长 4～5 毫米，宽约 1 毫米。能育雄蕊 9，花丝被柔毛，第一、二轮雄蕊长 3 毫米，花丝稍长于花药，花药卵圆状长圆形，先端钝，药室 4，内向，第三轮雄蕊长约 3.5 毫米，花丝长约为花药的 1.5 倍，中部有一对肾形无柄的腺体，花药长圆形，药室 4，外向。退化雄蕊 3，位于最内轮，卵圆状心形，先端锐尖，长 2.8 毫米，具柄。子房卵球形，长近 1 毫米，花柱增粗，长 3 毫米，柱头宽大，头状。浆果椭圆形，果托杯状，边缘具极短裂片。花期 5～6 月，果期 7～10 月。

【生境分布】产于湖北来凤、宣恩、鹤峰、恩施、利川、建始、巴东、兴山，生于海拔 400～1000 米的山地。

【含油量及理化性质】种子含油量达 47.15%，脂肪酸组成主要是油酸 12.7%、亚油酸 74.45%、棕榈酸 8.14%、硬脂酸 3.31%，其他微量。

【利用情况】桂皮为食品香料或烹饪调料。树皮也可入药和作兴奋剂。

【繁殖与栽培技术】种子繁殖。播种育苗：随采随播。10 月当种子果皮呈紫黑色时分批采收，放在水池中洗刷去果皮及果肉，捞起，晾干表面水分就可播种，喜砂质壤土。种子不宜于阳光下曝晒和长期久放，播后需及时覆土。

【分析与评价】桂皮为食品香料或烹饪调料，川桂植株的各部位均含有挥发油，且具有较浓烈的芳香气味和生物活性，可作为食品香料或烹饪调料，具有去腥增香的作用，在中餐里常用作炖肉的调味品，也是五香粉的成分之一。树皮入药，具有温经散寒、行气活血、止痛、补肾、散寒祛风和抗菌消炎等功效，主治风湿筋骨痛、跌打及腹痛吐泻等症。小枝及树皮有香气，可作兴奋剂。川桂种子含油量高，是有开发潜力的木本柴油植物。

竹叶楠
Phoebe faberi（Hemsley）Chun

【形态特征】 常绿乔木，通常高 10 ～ 15 米。小枝粗壮，干后变黑色或黑褐色，无毛。叶厚革质或革质，长圆状披针形或椭圆形，长 7 ～ 12（15）厘米，宽 2 ～ 4.5 厘米，先端钝头或短尖，较少为短渐尖，基部楔形或圆钝，通常歪斜，叶面光滑无毛，叶背苍白色或苍绿色，无毛或嫩叶下面有灰白色贴伏柔毛，中脉上面下陷，下面突起，侧脉每边 12 ～ 15 条，横脉及小脉两面不明显，叶缘外反，叶柄长 1 ～ 2.5 厘米。花序多个，生于新枝下部叶腋，长 5 ～ 12 厘米，无毛，中部以上分枝，每个伞形花序有花 3 ～ 5 朵；花黄绿色，长 2.5 ～ 3 毫米，花梗长 4 ～ 5 毫米；花被片卵圆形，外面无毛，内面及边缘有毛；花丝无毛或仅基部有毛，第三轮花丝基部腺体有短柄或近无柄；子房卵形，无毛，花柱纤细，柱头不明显。果球形，直径 7 ～ 9 毫米；果梗长约 8 毫米，微增粗；宿存花被片卵形，革质，略紧贴或松散，先端外翻。花期 4 ～ 5 月，果期 6 ～ 7 月。

【生境分布】 产于湖北来凤、咸丰、恩施、利川、巴东、兴山，生于海拔 600 ～ 1800 米的山坡林下。

【含油量及理化性质】 种子含油量为 29.6% ～ 48%，脂肪酸组成主要是亚麻酸 1.56%、油酸 51.18%、亚油酸 11.12%、棕榈酸 4.69%、硬脂酸 1.34%，其他微量。

【利用情况】 木材供建筑、家具等用。

【繁殖与栽培技术】 种子繁殖。播种育苗：7 月采种，经腐烂，水洗搓去种皮，洗净后用 50℃温水浸种，待温水自然冷却后保持湿润，然后混湿沙储藏催芽，直到有少量种子开始发芽时再播种。播后覆土盖稻草或地膜，保持苗床表土湿润，以利于种子发芽。

【分析与评价】 竹叶楠是常绿乔木，树干笔直，树冠紧凑，具有叶形似竹叶状，叶厚、革质，先端钝或短尖，下面常呈苍白色，边缘外反，叶脉模糊，花多而细小等观赏特征，是优良的园林绿化树种。其种子含油量高，是有开发潜力的木本柴油植物。木材供建筑、家具等用。

利川润楠

Machilus lichuanensis Cheng ex S. Lee

【形态特征】 常绿乔木，高达 32 米，胸径 1.2 米。枝紫褐色或紫黑色，有少数纵裂唇形小皮孔，当年生、一年生枝的基部有顶芽芽鳞痕迹，嫩枝、叶柄、叶下面、花序密被淡棕色柔毛，当年生枝的基部和其下肿胀的节有锈色绒毛。芽卵形或卵状球形，有锈色绒毛，下部的鳞片近圆形。叶椭圆形或狭倒卵形，长 7.5 ～ 11（15）厘米，宽 2 ～ 4（5）厘米，先端短渐尖至急尖，基部楔形，革质，上面绿色，稍光亮，仅幼时下端或下端中脉上密被淡棕色柔毛，下面幼时密被棕色柔毛，老叶下面渐薄，但中脉和侧脉的两侧仍密被柔毛，侧脉每边 8 ～ 12 条，上面不明显，下面稍明显；叶柄纤细无毛，长 1 ～ 1.3（2）厘米。聚伞状圆锥花序生于当年生枝下端，长 4 ～ 10 厘米，自中部或上端分枝，有灰黄色小柔毛；花被裂片等长，长约 4 毫米，两面都密被小柔毛；花丝无毛，花梗纤细，长 5 ～ 7 毫米，有小柔毛。果序长 5 ～ 10 厘米，被微小柔毛；果扁球形，直径约 7 毫米。花期 5 月，果期 9 月。

【生境分布】 产于湖北利川，生于海拔约 800 米的山丘、山坡、阔叶混交林中或山坡崖边。

【含油量及理化性质】 种子含油量为 32.48%，脂肪酸组成主要是亚麻酸 11.16%、油酸 21.01%、亚油酸 33.2%、棕榈酸 23.14%、硬脂酸 3.03%，其他微量。

【利用情况】 木材供建筑、家具等用。

【繁殖与栽培技术】 种子繁殖。播种育苗：8 ～ 9 月采种，经腐烂，水洗搓去种皮，洗净后种子有油质，寿命短，阴干后即可播种；或用 50℃温水浸种，待温水自然冷却后保持湿润，然后混湿沙储藏催芽，直到有少量种子开始发芽时再播种。播后覆土盖稻草或地膜，保持苗床表土湿润，以利于种子发芽。宜选择日照时间短、排灌方便、肥沃湿润的土壤作圃地。幼苗初期生长缓慢，喜阴湿。

【分析与评价】利川润楠是常绿乔木，具有很高的观赏价值。种子含油量高，是有开发潜力的木本柴油植物。木材材质优良，可供建筑、家具等用。

香叶树
Lindera communis Hemsley

〔形态特征〕常绿灌木或小乔木，高 1~5 米，胸径 25 厘米，树皮淡褐色。当年生枝条纤细，平滑，具纵条纹，绿色，干时棕褐色，或疏或密被黄白色短柔毛，基部有密集芽鳞痕，一年生枝条粗壮，无毛，皮层不规则纵裂。顶芽卵形，长约 5 毫米。叶互生，通常披针形、卵形或椭圆形，长（3）4 ～ 9（12.5），宽（1）1.5 ～ 3（4.5）厘米，先端渐尖、急尖、骤尖或有时近尾尖，基部宽楔形或近圆形；薄革质至厚革质；叶面绿色，无毛，叶背灰绿色或浅黄色，被黄褐色柔毛，后渐脱落成疏柔毛或无毛，边缘内卷；羽状脉，侧脉每边 5 ～ 7 条，弧曲，与中脉上面凹陷，下面突起，被黄褐色微柔毛或近无毛；叶柄长 5 ～ 8 毫米，被黄褐色微柔毛或近无毛。伞形花序具 5 ～ 8 朵花，单生或二个同生于叶腋，总梗极短；苞片 4，早落。雄花黄色，直径达 4 毫米，花梗长 2 ～ 2.5 毫米，略被金黄色微柔毛；花被片 6，卵形，近等大，长约 3 毫米，宽 1.5 毫米，先端圆形，外面略被金黄色微柔毛或近无毛；雄蕊 9，长 2.5 ～ 3 毫米，花丝略被微柔毛或无毛，与花药等长，第三轮基部有 2 个具角突的宽肾形腺体；退化雌蕊的子房卵形，长约 1 毫米，无毛，花柱、柱头不分，成一短凸尖。雌花黄色或黄白色，花梗长 2 ～ 2.5 毫米；花被片 6，卵形，长 2 毫米，外面被微柔毛；退化雄蕊 9，条形，长 1.5 毫米，第三轮有 2 个腺体；子房椭圆形，长 1.5 毫米，无毛，花柱长 2 毫米，柱头盾形，具乳突。果卵形，长约 1 厘米，宽 7 ～ 8 毫米，有时略小而近球形，无毛，成熟时红色；果梗长 4 ～ 7 毫米，被黄褐色微柔毛。花期 3 ～ 4 月，果期 9 ～ 10 月。

〔生境分布〕产于湖北来凤、宣恩、咸丰、鹤峰、恩施、利川、巴东、长阳、宜昌、赤壁，武汉有栽培，生于海拔 300 ～ 1400 米的常绿阔叶林中。

〔含油量及理化性质〕种子含油量为 35.17%，脂肪酸组成主要是亚麻酸 0.85%、油酸 20.16%、亚油酸 67.27%、棕榈酸 6.36%、硬脂酸 1.6%，其他微量。

〔利用情况〕种子油供制皂、润滑油等。枝叶药用。

〔繁殖与栽培技术〕种子繁殖。播种育苗：10 月采种，经腐烂，水洗搓去种皮，洗净阴干后即可播种，或用 50℃温水浸种，待温水自然冷却后保持湿润，然后混湿沙储藏催芽，直到有少量种子开始发芽时再播种。播后覆土盖稻草或地膜，保持苗床表土湿润，以利于种子发芽。宜选择日照时间短、排灌方便、肥沃湿润的土壤作圃地。幼苗初期生长缓慢，喜阴湿。

〔分析与评价〕香叶树为常绿灌木或小乔木，果红色，具有很高的观赏价值。种子榨油供食用，制皂、润滑油、油墨及医用栓剂原料，也可作生物柴油，香叶树是有开发潜力的木本柴油植物。油粕可作肥料。果皮可提芳香油作香料。枝叶入药，民间用于治疗跌打损伤及牛马癣疥等。

山胡椒

Lindera glauca（Siebold & Zuccarini）Blume

【形态特征】落叶灌木或小乔木，高可达 8 米；树皮平滑，灰色或灰白色。冬芽（混合芽）长角锥形，长约 1.5 厘米，直径 4 毫米，芽鳞裸露部分红色，幼枝条白黄色，初有褐色毛，后脱落成无毛。叶互生，宽椭圆形、椭圆形、倒卵形至狭倒卵形，长 4～9 厘米，宽 2～4（6）厘米，叶面深绿色，叶背淡绿色，被白色柔毛，纸质，羽状脉，侧脉每侧（4）5～6 条；叶枯后不落，翌年新叶发出时落下。伞形花序腋生，总梗短或不明显，长一般不超过 3 毫米，生于混合芽中的总苞片绿色膜质，每总苞有 3～8 朵花。雄花花被片黄色，椭圆形，长约 2.2 毫米，内、外轮几相等，外面在背脊部被柔毛；雄蕊 9，近等长，花丝无毛，第三轮的基部着生 2 个具角突的宽肾形腺体，柄基部与花丝基部合生，有时第二轮雄蕊花丝也着生一较小腺体；退化雌蕊细小，椭圆形，长约 1 毫米，上有一小突尖；花梗长约 1.2 厘米，密被白色柔毛。雌花花被片黄色，椭圆形或倒卵形，内、外轮几相等，长约 2 毫米，外面在背脊部被稀疏柔毛或仅基部有少数柔毛；退化雄蕊长约 1 毫米，条形，第三轮的基部着生 2 个长约 0.5 毫米具柄不规则肾形腺体，腺体柄与退化雄蕊中部以下合生；子房椭圆形，长约 1.5 毫米，花柱长约 0.3 毫米，柱头盘状；花梗长 3～6 毫米，果熟时黑褐色；果梗长 1～1.5 厘米。花期 3～4 月，果期 7～9 月。

【生境分布】产于湖北各地，生于低山及海拔 1700 米以下的灌丛中。

【含油量及理化性质】种子含油量为 36.94%～41.3%，脂肪酸组成主要是亚麻酸 0.91%、油酸 17.75%、亚油酸 61.48%、棕榈酸 8.46%、硬脂酸 4.88%，其他微量。

【利用情况】种子油供制肥皂和润滑油等。木材作家具。根、枝、叶、果药用。

【繁殖与栽培技术】种子繁殖。播种育苗：9 月采种，经腐烂，水洗搓去种皮，洗净阴干后即可播种，或用 50℃温水浸种，待温水自然冷却后保持湿润，然后混湿沙储藏催芽，直到有少量种子开始发芽时再播种。播后覆土盖稻草或地膜，保持苗床表土湿润，以利于种子发芽。宜选择日照时间短，排灌方便、肥沃湿润的土壤作围地。幼苗初期生长缓慢，喜阴湿。

【分析与评价】山胡椒为落叶灌木或小乔木，果黑色，具有很高的观赏价值，种子含油量高，可供制皂、润滑油及药用等，也可作生物柴油，是有开发潜力的木本柴油植物。果皮和叶含芳香油。木材可制家具。根、枝、叶、果药用，其中叶可温中散寒、破气化滞、祛风消肿，根可治劳伤脱力、水湿浮肿、四肢酸麻、风湿性关节炎、跌打损伤，果可治胃痛。

狭叶山胡椒
Lindera angustifolia Cheng

【形态特征】落叶灌木或小乔木，高2～8米，幼枝条黄绿色，无毛。冬芽卵形，紫褐色，芽鳞具脊。叶互生，椭圆状披针形，长6～14厘米，宽1.5～3.5厘米，先端渐尖，基部楔形，近革质，上面绿色无毛，下面苍白色，沿脉被疏柔毛，羽状脉，侧脉每边8～10条。伞形花序2～3个生于冬芽基部。雄花序有花3～4朵，花梗长3～5毫米，花被片6，能育雄蕊9。雌花序有花2～7朵；花梗长3～6毫米；花被片6；退化雄蕊9；子房卵形，无毛，花柱长1毫米，柱头头状。果球形，直径约8毫米，成熟时黑色，果托直径约2毫米；果梗长0.5～1.5厘米，被微柔毛或无毛。花期3～4月，果期9～10月。

【生境分布】产于湖北赤壁、武汉，生于低山坡灌丛中或疏林中。

【含油量及理化性质】种子含油量为34.79%～53.77%，脂肪酸组成主要是月桂酸67.94%、油酸21.62%、亚油酸4.91%、葵酸2.62%、棕榈酸1.24%、硬脂酸0.43%，其他微量。

【利用情况】种子油供制皂和润滑油等。果皮和叶含芳香油。木材可制家具。枝、叶、根药用。

【繁殖与栽培技术】种子繁殖。播种育苗：10月采种，经腐烂，水洗搓去种皮，洗净阴干后即可播种，或用50℃温水浸种，待温水自然冷却后保持湿润，然后混湿沙储藏催芽，直到有少量种子开始发芽时再播种。播后覆土盖稻草或地膜，保持苗床表土湿润，以利于种子发芽。宜选择日照时间短、排灌方便、肥沃湿润的土壤作圃地。幼苗初期生长缓慢，喜阴湿。

【分析与评价】狭叶山胡椒为落叶灌木或小乔木，具有很高的观赏价值。叶可提取芳香油，用于食品及化妆品。种子含油量高，供制肥皂及润滑油，也可作生物柴油，是有开发潜力的木本柴油植物。果皮和叶含芳香油。木材可制家具。枝、叶或根药用，有行气、祛风、消肿的功效，可治腹痛、风湿骨痛、痈肿、疥癣等症。

绒毛钓樟
Lindera floribunda（C. K. Allen）H.P.Tsui

【形态特征】 常绿乔木。幼枝密被灰褐色茸毛，树皮灰白或灰褐色，有纵裂及皮孔。芽卵形，芽鳞密被灰白色毛。叶互生，倒卵形或椭圆形，长（6.5）7～10（11）厘米，宽4.5～6.5厘米，先端渐尖，坚纸质，叶面绿色，无光泽，叶背灰蓝白色，三出脉，第一对侧脉弧曲上伸至叶缘先端，第二对侧脉自叶中上部展出，网脉明显，下面较上面突出，且密被黄褐色绒毛；叶柄长1厘米左右。伞形花序3～7个腋生于极短枝上；总苞片4，外面被银白色柔毛，内有花5朵。雄花花被片6，椭圆形，近等长，长4毫米，宽2毫米，外面密被柔毛，内面无毛；雄蕊9，花丝被毛，第一、二轮长约4毫米，第三轮长约3毫米，基部以上有一对肾形腺体；子房退化，连同花柱密被柔毛，柱头盘状。雌花小，花被片近等长，仅长1毫米，宽不及0.5毫米；退化雄蕊9，等长，条片形，长约1毫米，被疏柔毛，第一、二轮的花药部分稍扩大，第三轮中部以上有1对圆肾形腺体，子房椭圆形，连同花柱密被银白色绢毛，柱头盘状，二裂。果椭圆形，长0.8毫米，直径0.4厘米，幼果被绒毛；果梗短，长0.8厘米；果托盘状膨大。花期3～4月，果期4～8月。

【生境分布】产于湖北宣恩、鹤峰、五峰、长阳、远安，生于海拔300～1300米低山灌丛中或疏林、山坡、河旁混交林或杂木林中。

【含油量及理化性质】 种子含油量为40.35%，脂肪酸组成主要是亚麻酸1.07%、油酸8.81%、亚油酸67.09%、棕榈酸20.24%、硬脂酸1.79%，其他微量。

【利用情况】 种子油供制肥皂和润滑油。木材可制家具。

【繁殖与栽培技术】 种子繁殖。播种育苗：8月采种，经腐烂，水洗搓去种皮，洗净阴干后即可播种；或温水浸种后混湿沙储藏催芽，直到有少量种子开始发芽时再播种。播后覆土盖稻草或地膜，保持苗床表土湿润，以利于种子发芽。宜选择日照时间短、排灌方便、肥沃湿润的土壤作圃地。幼苗初期生长缓慢，喜阴湿。

【分析与评价】 绒毛钓樟为常绿乔木，具有很高的观赏价值，种子含油量高，供药用、制肥皂和润滑油，也可作生物柴油，是有开发潜力的木本柴油植物。果皮和叶含芳香油。木材可制家具。

红果钓樟

Lindera erythrocarpa Makino   别名：黄浆子

【形态特征】 落叶灌木或小乔木；树皮灰褐色，幼枝条通常灰白或灰黄色，多皮孔，其木栓质突起致树皮甚粗糙。冬芽角锥形，长约1厘米。叶互生，通常为倒披针形，偶有倒卵形，先端渐尖，基部狭楔形，常下延，长（5）9～12（15）厘米，宽（1.5）4～5（6）厘米，纸质，叶面绿色，有稀疏贴服柔毛或无毛，叶背带绿苍白色，被贴服柔毛，在脉上较密，羽状脉，侧脉每边4～5条；叶柄长0.5～1厘米。伞形花序着生于腋芽两侧各一，总梗长约0.5厘米；总苞片4，具缘毛，内有花15～17朵。雄花花被片6，黄绿色，近相等，椭圆形，先端圆，长约2毫米，宽约1.5毫米，外面被疏柔毛，内面无毛；雄蕊9，各轮近等长，长约1.8毫米，花丝无毛，第三轮的近基部着生2个具短柄的宽肾形腺体，退化雄蕊呈"凸"字形；花梗被疏柔毛，长约3.5毫米。雌花较小，花被片6，内、外轮近相等，椭圆形，先端圆，长1.2毫米，宽0.6毫米，内、外轮外面被较密柔毛，内面被贴伏疏柔毛；退化雄蕊9，条形，近等长，长约0.8毫米，第三轮的中下部外侧着生2个椭圆形无柄腺体；雌蕊长约1毫米，子房狭椭圆形，花柱粗，与子房近等长，柱头盘状；花梗约1毫米。果球形，直径7～8毫米，熟时红色；果梗长1.5～1.8厘米，向先端渐增粗至果托，但果托并不明显扩大，直径3～4毫米。花期5月，果期9～10月。

【生境分布】 产于湖北来凤、宣恩、咸丰、宜昌、十堰、枣阳、蒲圻、通山、赤壁、咸宁、英山、罗田、武汉。生于低山山谷、山坡、沟边。

【含油量及理化性质】 种子含油量为55.31%，脂肪酸组成主要是月桂酸28.08%、油酸50.56%、亚油酸11.79%、肉豆蔻酸6.02%、棕榈酸1.42%、硬脂酸0.83%，其他微量。

【利用情况】 种子油供制肥皂和润滑油，也可药用。

【繁殖与栽培技术】 种子繁殖。播种育苗：10月采种，经腐烂，水洗搓去种皮，洗净阴干后即可播种；或温水浸种后混湿沙储藏催芽，直到有少量种子开始发芽时再播种。播后覆土盖稻草或地膜，保持苗床表土湿润，以利于种子发芽。

【分析与评价】 红果钓樟果实红色，具有很高的观赏价值，种子含油量高，可制肥皂及润滑油，是有开发潜力的木本柴油植物。

乌药

Lindera aggregata（Sims）Kosterm

【形态特征】 常绿灌木或小乔木，高可达 5 米，胸径 4 厘米；树皮灰褐色；根有纺锤状或结节状膨胀，一般长 3.5～8 厘米，直径 0.7～2.5 厘米，外面棕黄色至棕黑色，表面有细皱纹，有香味，微苦，有刺激性清凉感。幼枝青绿色，具纵向细条纹，密被金黄色绢毛，后渐脱落，老时无毛，干时褐色。顶芽长椭圆形。叶互生，卵形，椭圆形至近圆形，通常长 2.7～5 厘米，宽 1.5～4 厘米，有时可长达 7 厘米，先端长渐尖或尾尖，基部圆形，革质或有时近革质，上面绿色，有光泽，下面苍白色，幼时密被棕褐色柔毛，后渐脱落，偶见残存斑块状黑褐色毛片，两面有小凹窝，三出脉，中脉及第一对侧脉上面通常下凹，少有凸出，下面明显凸出；叶柄长 0.5～1 厘米，有褐色柔毛，后渐脱落。伞形花序腋生，无总梗，常 6～8 个花序集生于一 1～2 毫米长的短枝上，每个花序有一苞片，一般有花 7 朵；花被片 6，近等长，外面被白色柔毛，内面无毛，黄色或黄绿色；花梗长约 0.4 毫米，被柔毛。雄花花被片长约 4 毫米，宽约 2 毫米；雄蕊长 3～4 毫米，花丝被疏柔毛，第三轮的有 2 个宽肾形具柄腺体，着生于花丝基部，有时第二轮的也有腺体 1～2 枚；退化雌蕊坛状。雌花花被片长约 2.5 毫米，宽约 2 毫米，退化雄蕊长条片状，被疏柔毛，长约 1.5 毫米，第三轮基部着生 2 个具柄腺体；子房椭圆形，长约 1.5 毫米，被褐色短柔毛，柱头头状。果卵形或有时近圆形，长 0.6～1 厘米，直径 4～7 毫米。花期 3～4 月，果期 5～11 月。

【生境分布】 产于湖北赤壁、崇阳、通山、武汉，生长在海拔 200～800 米阳光充足的山坡上，适合在土质疏松肥沃的酸性土壤中生长。

【含油量及理化性质】 种子含油量为 27.54%～48.3%，脂肪酸组成主要是油酸 49.56%、亚油酸 36.31%、棕榈酸 6.49%、棕榈油酸 3.26%、硬脂酸 2.05%，其他微量。

【利用情况】 根药用。果实、根及叶可提取芳香油。种子油供制皂和润滑油。

【繁殖与栽培技术】 种子繁殖。播种育苗：立冬前后 20 天采摘核果，经腐烂，水洗搓去种皮，清除外表皮，阴干后沙藏；清明前后播种，用种量为 5 公斤／亩。或温水浸种后混湿沙储藏催芽，直到有少量种子开始发芽时再播种。播后覆土盖稻草或地膜，搭建遮阳棚，保持苗床表土湿润，以利于种子发芽。

【分析与评价】乌药为常绿灌木或小乔木，可作园林观赏植物。根药用，为芳香性健胃药，可治充血性头痛、寒凝气滞、胸腹胀痛、气逆喘急、膀胱虚冷、遗尿尿频、疝气疼痛、经寒腹痛等。果实、根及叶可提取芳香油，供制肥皂香精。种子含油量高，供制肥皂和润滑油，也可作生物柴油，是有开发潜力的木本柴油植物。果实、根及叶可提取芳香油。

小叶乌药

Lindera aggregata var. *playfairii*（Hemsley）H.P.Tsui

【形态特征】 常绿灌木或小乔木，高可达 5 米，胸径 4 厘米；树皮灰褐色；根有纺锤状或结节状膨胀，一般长 3.5～8 厘米，直径 0.7～2.5 厘米，外面棕黄色至棕黑色，表面有细皱纹，有香味，微苦，有刺激性清凉感。幼枝青绿色，具纵向细条纹，密被金黄色绢毛，后渐脱落，老时无毛，干时褐色。顶芽长椭圆形。叶互生，卵形、椭圆形至近圆形，通常长 2.7～5 厘米，宽 1.5～4 厘米，有时可长达 7 厘米，先端长渐尖或尾尖，基部圆形，革质或有时近革质，上面绿色，有光泽，下面苍白色，幼时密被棕褐色柔毛，后渐脱落，偶见残存斑块状黑褐色毛片，两面有小凹窝，三出脉，中脉及第一对侧脉在叶面常凹下，在叶背明显凸出；叶柄长 0.5～1 厘米，有褐色柔毛，后渐脱落。伞形花序腋生，无总梗，常 6～8 个花序集生于一 1～2 毫米长的短枝上，每个花序有一苞片，一般有花 7 朵；花被片 6，近等长，外面被白色柔毛，内面无毛，黄色或黄绿色；花梗长约 0.4 毫米，被柔毛。雄花花被片长约 4 毫米，宽约 2 毫米；雄蕊长 3～4 毫米，花丝被疏柔毛，第三轮的有 2 个宽肾形具柄腺体，着生于花丝基部，有时第二轮的也有腺体 1～2 枚；退化雌蕊坛状。雌花花被片长约 2.5 毫米，宽约 2 毫米，退化雄蕊长条片状，被疏柔毛，长约 1.5 毫米，第三轮基部着生 2 个具柄腺体；子房椭圆形，长约 1.5 毫米，被褐色短柔毛，柱头头状。果卵形或有时近圆形，长 0.6～1 厘米，直径 4～7 毫米。花期 3～4 月，果期 5～11 月。

【生境分布】 产于湖北赤壁、崇阳、通山，生于低山阳光充足的山坡上。

【含油量及理化性质】 种子含油量为 36.3%，脂肪酸组成主要是亚麻酸 1.31%、油酸 54.71%、亚油酸 14.84%、月桂酸 14.9%、肉豆蔻酸 4.11%、棕榈酸 5.68%、硬脂酸 3.48%，其他微量。

【利用情况】 根药用。

【繁殖与栽培技术】种子繁殖。播种育苗：立冬前后 20 天采摘核果，经腐烂，水洗搓去种皮，清除外表皮，阴干后沙藏；清明前后播种，用种量为 5 公斤 / 亩。或温水浸种后混湿沙储藏催芽，直到有少量种子开始发芽时再播种。播后覆土盖稻草或地膜，搭建遮阳棚，保持苗床表土湿润，以利于种子发芽。

【分析与评价】 小叶乌药是常绿灌木或小乔木，可作园林观赏植物。果实、根及叶可提取芳香油。种子含油量高，是有开发潜力的木本柴油植物。根药用，消肿止痛，可治跌打，也可代乌药作散寒理气健胃药，但疗效差。

三桠乌药

Lindera obtusiloba Blume

【形态特征】 落叶灌木或小乔木。冬芽有 3 ～ 4 枚鳞片，小枝棕红色，粗而圆，皮孔散生，老枝灰色；叶卵圆形至近圆形，基部截形至圆形，或为心形，先端通常为三裂，裂片钝，叶面亮绿色，最后无毛，叶脉明显，叶背灰绿色，被绢毛，少数近无毛，主脉细而明显，有基部三出脉；花先叶开放，花梗被柔毛；果球形，暗红色或灰黑色，果梗先端稍膨大；花期 3 ～ 4 月，果期 8 ～ 9 月。

【生境分布】 产于湖北利川、巴东、兴山、竹溪，生于海拔 1000 ～ 2000 米的杂木林中。

【含油量及理化性质】 种子含油量为 40.6% ～ 50.4%，脂肪酸组成主要是亚麻酸 38.98%、油酸 13.64%、亚油酸 41.38%、棕榈酸 3.27%、硬脂酸 1.15%，其他微量。

【利用情况】 果皮、叶可提取芳香油。

【繁殖与栽培技术】 种子繁殖。播种育苗：9 月采种，经腐烂，水洗搓去种皮，清除外表皮，阴干后沙藏；适当延长低温处理时间，能促进种子萌发。三桠乌药种子具有一定的休眠性，播种前需去除外种皮做催芽处理，以提高种子的发芽率。3 月底将沙藏种子取出，先用温水浸种，再用 300 毫克 / 升赤霉素溶液浸泡，然后混湿沙储藏催芽，直到有少量种子开始发芽时再播种；用种量为 6 公斤 / 亩，播后覆土盖稻草或地膜，搭建遮阳棚，保持苗床表土湿润，以利于种子发芽。种子去除种皮后，在 25℃全光照条件下发芽率可达 75%。

【分析与评价】 三桠乌药分布广泛，适应较寒环境，是樟科最耐寒的树种。其树干优美，早春黄花开满枝头，先花后叶，叶形较奇特，可作为花灌木孤植或丛植，有良好的观赏效果。枝叶及果均可提取芳香油，用于化妆品、肥皂中香精的制作；种子榨油，可制头发油、肥皂、润滑油；木材质坚细密，可作细木工用材。

山鸡椒

Litsea cubeba（Loureiro）Persoon

【形态特征】 落叶灌木或小乔木，高达 8～10 米；幼树树皮黄绿色，光滑，老树树皮灰褐色。小枝细长，绿色，无毛，枝、叶具芳香味。顶芽圆锥形，外面具柔毛。叶互生，披针形或长圆形，长 4～11 厘米，宽 1.1～2.4 厘米，先端渐尖，基部楔形，纸质，叶面深绿色，叶背粉绿色，两面均无毛，羽状脉，侧脉每边 6～10 条，纤细，中脉、侧脉在两面均突起；叶柄长 6～20 毫米，纤细，无毛。伞形花序单生或簇生，总梗细长，长 6～10 毫米；苞片边缘有睫毛；每一个花序有花 4～6 朵，先叶开放或与叶同时开放，花被裂片 6，宽卵形；能育雄蕊 9，花丝中下部有毛，第 3 轮基部的腺体具短柄；退化雌蕊无毛；雌花中退化雄蕊中下部具柔毛；子房卵形，花柱短，柱头头状。果近球形，直径约 5 毫米，无毛，幼时绿色，成熟时黑色，果梗长 2～4 毫米，先端稍增粗。花期 2～3 月，果期 7～8 月。

【生境分布】 产于湖北咸丰、宣恩、恩施、鹤峰、利川、建始、赤壁、英山，生于海拔 1200～1600 米向阳的山地、灌丛、疏林或林中路旁、水边。

【含油量及理化性质】种子含油量为 36.71%～40%，脂肪酸组成主要是亚麻酸 48.34%、油酸 5.44%、亚油酸 34.14%、棕榈酸 8.48%、硬脂酸 1.93%，其他微量。

【利用情况】花、叶和果皮是提制柠檬醛的原料。种子油供制肥皂和工业用。根、茎、叶和果实均可入药。

【繁殖与栽培技术】 种子和扦插繁殖。播种育苗：8 月底至 9 月初采种，用草木灰水浸泡，搓洗去除果皮和油脂，洗净晾干后层积沙藏，上覆一层沙子盖稻草或秸秆；2 月播种，用种量为 7 公斤 / 亩，30 天后可出苗。扦插繁殖：春季扦插，选择一年生枝条剪取插穗扦插育苗。

山鸡椒是中性偏阳的浅根性树种，造林地应选在南坡湿润或有水源而略有庇荫的地方。pH 4.5～6.0 的酸性红壤、黄壤和山地棕壤，以及由石灰岩发育而成的钙质土和低洼积水处不宜栽植山鸡椒。造林 1～2 年，可于晚秋或冬季，在 0.8～1.2 米主干高处剪截，促使侧枝生长，形成矮化林，便于采果；当进入开花期，应分辨雌雄株逐步疏伐，并注意间隔一定距离保留 1 株雄株作为授粉树，雄株总体配比为每公顷山鸡椒林地 120～150 株即可。

【分析与评价】 山鸡椒木材材质中等，易劈裂，但耐湿不蛀，可供普通家具、小工艺品和建筑等用材。花、叶和果皮可作为提制柠檬醛的原料，供医药制品和配制香精等用。种子含油量在 40% 左右，可提取芳香油或榨油，供制肥皂和工业用。根、茎、叶和果实均可入药，有祛风散寒、理气、消肿止痛之功效，主治胃寒痛、疝气、风湿痹痛、牙痛等症。果实入药，在上海、四川、昆明等地的中药业被称为"毕澄茄"，用来治疗血吸虫病，效果良好。山鸡椒与油茶混种可防治油茶树的煤烟病。

木姜子
Litsea pungens Hemsley

【形态特征】落叶小乔木；树皮灰白色。幼枝黄绿色，被柔毛，老枝黑褐色，无毛。顶芽圆锥形，鳞片无毛。叶互生，常聚生于枝顶，披针形或倒卵状披针形，长 4～15 厘米，宽 2～5.5 厘米，先端短尖，基部楔形，膜质，幼叶下面具绢状柔毛，后脱落渐变无毛或沿中脉有稀疏毛，羽状脉，侧脉每边 5～7 条，叶脉在两面均突起；叶柄纤细，长 1～2 厘米，初时有柔毛，后脱落渐变无毛。伞形花序腋生；总花梗长 5～8 毫米，无毛；每一花序有雄花 8～12 朵，先叶开放；花梗长 5～6 毫米，被丝状柔毛；花被裂片 6，黄色，倒卵形，长 2.5 毫米，外面有稀疏柔毛；能育雄蕊 9，花丝仅基部有柔毛，第 3 轮基部有黄色腺体，圆形；退化雌蕊细小，无毛。果球形，直径 7～10 毫米，成熟时蓝黑色；果梗长 1～2.5 厘米，先端略增粗。花期 3～5 月，果期 7～9 月。

【生境分布】产于湖北宣恩、鹤峰、恩施、利川、建始、巴东、宜昌，生于海拔 800～1800 米的山坡沟边林下。

【含油量及理化性质】种子含油量达 43.07%，脂肪酸组成主要是月桂酸 69.94%、油酸 12.63%、亚油酸 8.26%、棕榈酸 4.83%、肉豆蔻酸 2.49%、硬脂酸 0.71%，其他微量。

【利用情况】果实作食品香料，也可药用。种子油供制皂和工业用。

【繁殖与栽培技术】种子和扦插繁殖。播种育苗：8 月底至 9 月初采种，浸泡，洗净种壳附有的蜡质层，在室内湿沙层积储藏催芽；翌年 2 月条播，30 天左右即可发芽，发芽率约 35%。扦插繁殖：选择一年生枝条于春季扦插培育，早春 2～3 月栽植。造林 1～2 年，可于晚秋或冬季，在 0.8～1.2 米主干高处剪截，促使侧枝生长，形成矮化林，便于采果；进入开花期，应分辨雌雄株逐步疏伐，并注意间隔一定距离保留 1 株雄株作为授粉树。

【分析与评价】木姜子喜湿润气候，喜光，在光照不足的条件下生长发育不良，适植于排水良好的酸性红壤、黄壤以及山地棕壤，在低洼积水处则不宜栽种。其果实含芳香油，其中干果芳香油含量为 2%～6%，鲜果芳香油含量为 3%～4%；芳香油主要成分为柠檬醛 60%～90%，香叶醇 5%～19%，可作食品香料、食用香精和化妆品香精，现已广泛用作高级香料、紫罗兰酮和维生素 A 的原料。种子含油量高，可供制皂和工业用。种子含油量高，是有开发潜力的木本柴油植物。木姜子是一味草药，有温中行气止痛、燥湿、健脾消食、解毒消肿的功效，主治胃寒腹痛、暑湿吐泻、食滞饱胀、痛经、疝痛、疟疾、疮疡肿痛等。

毛叶木姜子
Litsea mollis Hemsley

【形态特征】落叶灌木或小乔木，高达4米；树皮绿色，光滑，有黑斑，撕破后有松节油气味。顶芽圆锥形，鳞片外面有柔毛。小枝灰褐色，有柔毛。叶互生或聚生枝顶，长圆形或椭圆形，长4～12厘米，宽2～4.8厘米，先端突尖，基部楔形，纸质，叶面暗绿色，无毛，叶背带绿苍白色，密被白色柔毛，羽状脉，侧脉每边6～9条，纤细，中脉在叶两面突起，侧脉在上面微突，在下面突起，叶柄长1～1.5厘米，被白色柔毛。伞形花序腋生，常2～3个簇生于短枝上，短枝长1～2毫米，花序梗长6毫米，有白色短柔毛，每一花序有花4～6朵，先叶开放或与叶同时开放；花被裂片6，黄色，宽倒卵形，能育雄蕊9，花丝有柔毛，第三轮基部腺体盾状心形，黄色；退化雌蕊无。果球形，直径约5毫米，成熟时蓝黑色；果梗长5～6毫米，有稀疏短柔毛。花期3～4月，果期9～10月。

【生境分布】产于湖北来凤、宣恩、咸丰、鹤峰、五峰、恩施、利川、建始、长阳、巴东、兴山、崇阳，生于海拔300～1800米的山地水沟边林下或灌丛中以及山坡阳面。

【含油量及理化性质】种子含油量为46.25%，脂肪酸组成主要是亚麻酸4.09%、油酸25.14%、亚油酸52.88%、棕榈酸8.35%、硬脂酸1.92%，其他微量。

【利用情况】果实可提取芳香油。种子油可制皂。根和果可入药。

【繁殖与栽培技术】种子繁殖。播种育苗：9月底至10月初采种，草木灰水浸泡，搓洗去除果皮和油脂，洗净晾干后层积沙藏，上覆一层沙子，并盖稻草或秸秆；2月播种，用种量为7公斤/亩，30天后可出苗。造林1～2年，可于晚秋或冬季，在0.8～1.2米主干高处剪截，促使侧枝生长，形成矮化林，便于采果；进入开花期，应分辨雌雄株并逐步疏伐，注意间隔一定距离保留1株雄株作为授粉树。

【分析与评价】果实可提取芳香油。种子含油量高，且属于不干性油，为制皂的上等原料，也可作生物柴油，是有开发潜力的木本柴油植物。根和果可入药，其中根治气痛、劳伤，果治腹泻、气痛、血吸虫病等，果实在湖北民间可代山鸡椒作"毕澄茄"使用。

大叶新木姜子
Neolitsea levinei Merrill

【形态特征】常绿乔木；树皮灰褐至深褐色，平滑。小枝圆锥形，幼时密被黄褐色柔毛，老时脱落渐稀疏。顶芽大，卵圆形，鳞片外面被锈色短柔毛。叶轮生，4～5片一轮，长圆状披针形至长圆状倒披针形或椭圆形，长15～31厘米，宽4.5～9厘米，先端短尖或突尖，基部尖锐，革质，叶面深绿色，有光泽，无毛，叶背带绿苍白色，幼时密被黄褐色长柔毛，老时渐脱落变稀疏而被厚白粉，离基三出脉，侧脉每边3～4条，中脉、侧脉在两面均突起，横脉在叶下面明显；叶柄长1.5～2厘米，密被黄褐色柔毛。伞形花序数个生于枝侧，具总梗；总梗长约2毫米；每一花序有花5朵；花梗长3毫米，密被黄褐色柔毛；花被裂片4，卵形，黄白色，长约3毫米，外面有稀疏柔毛，边缘有睫毛，内面无毛。雄花：能育雄蕊6，花丝无毛，第三轮基部的腺体椭圆形，具柄；退化子房卵形，花柱有柔毛。雌花：退化雄蕊长3～3.2毫米，无毛，子房卵形或卵圆形，无毛，花柱短，有柔毛，柱头头状。果椭圆形或球形，长1.2～1.8厘米，直径0.8～1.5厘米，成熟时黑色；果梗长0.7～1厘米，密被柔毛，顶部略增粗。花期3～4月，果期8～10月。

【生境分布】产于湖北通山县，武汉有栽培。生于山地疏林中。

【含油量及理化性质】种子含油量为63.7%，脂肪酸组成主要是月桂酸78.86%、油酸6.37%、亚油酸5.17%、棕榈酸1.09%、硬脂酸2.37%，其他微量。

【利用情况】根入药。

【繁殖与栽培技术】种子繁殖。播种育苗：10月采种，用草木灰水浸泡，搓洗去除果皮和油脂，洗净晾干后层积沙藏，上覆一层沙子，并盖稻草或秸秆；翌年2月播种。

【分析与评价】大叶新木姜子为常绿乔木，树形优美，种子含油量高，是一种极具开发潜力的园林观赏植物和生物柴油木本树种。根可入药，主治妇女白带。

山橿

Lindera reflexa Hemsley　别名：钓樟

【形态特征】落叶灌木或小乔木；树皮棕褐色，有纵裂及斑点。幼枝黄绿色，光滑，无皮孔，幼时有绢状柔毛，不久脱落。冬芽长角锥状，芽鳞红色。叶互生，通常卵形或倒卵状椭圆形，有时为狭倒卵形或狭椭圆形，长（5）9～12（16.5）厘米，宽（2.5）5.5～8（12.5）厘米，先端渐尖，基部圆或宽楔形，有时心形，纸质，叶面绿色，幼时在中脉上被微柔毛，不久脱落，叶背带绿苍白色，被白色柔毛，后渐脱落成几无毛，羽状脉，侧脉每边6～8（10）条；叶柄长6～17（30）毫米，幼时被柔毛，后脱落。伞形花序着生于叶芽两侧各一，具总梗，长约3毫米，红色，密被红褐色微柔毛，果时脱落；总苞片4，内有花约5朵。雄花花梗长4～5毫米，密被白色柔毛；花被片6，黄色，椭圆形，近等长，长约2毫米，花丝无毛，第三轮的基部着生2个宽肾形具长柄腺体，柄基部与花丝合生；退化雌蕊细小，长约1.5毫米，狭锥形。雌花花梗长4～5毫米，密被白柔毛；花被片黄色，宽矩圆形，长约2毫米，外轮略小，外面在背脊部被白柔毛，内面被稀疏柔毛；退化雄蕊条形，第一、二轮长约1.2毫米，第三轮略短，基部着生2个腺体，腺体几与退化雄蕊等大，下部与退化雄蕊合生，有时仅见腺体而不见退化雄蕊；雌蕊长约2毫米，子房椭圆形，花柱与子房等长，柱头盘状。果球形，直径约7毫米，熟时红色；果梗无皮孔，长约1.5厘米，被疏柔毛。花期4月，果期7～8月。

【生境分布】产于湖北鹤峰、恩施、咸宁、崇阳、通山、英山、罗田，武汉有栽培。生于海拔200～900米的山地林中、山谷或灌丛中。

【含油量及理化性质】种子含油量为26.28%～62.8%，脂肪酸组成主要是肉豆蔻酸14.5%、油酸31.94%、亚油酸20.65%、棕榈酸27.23%、硬脂酸2%、花生油酸3.58%，其他微量。

【利用情况】根药用。

【繁殖与栽培技术】种子繁殖。播种育苗：8月采种，用草木灰水浸泡，搓洗去除果皮和油脂，洗净晾干后层积沙藏，上覆一层沙子，并盖稻草或秸秆，翌年3月播种。

【分析与评价】山橿种子含油量高，可榨油，是一种极具开发潜力的生物柴油植物。根药用，性温，味辛，可止血、消肿、止痛，主治胃气痛、疥癣、风疹、刀伤出血。叶含芳香油。

红脉钓樟
Lindera rubronervia Gamble

【形态特征】 落叶灌木或小乔木。树皮黑灰色，有皮孔。幼枝灰黑或黑褐色，平滑。冬芽长角锥形，长 0.5～0.7 毫米，直径 0.2～0.3 毫米，无毛。叶互生，卵形，狭卵形，有时披针形，长（4）6～8（13）厘米，宽 3～4 厘米，先端渐尖，基部楔形；纸质，有时近革质，叶面深绿色，沿中脉疏被短柔毛，叶背淡绿色，被柔毛，离基三出脉，通常在中脉中部以上侧脉每边 3～4 条，叶脉和叶柄秋后变为红色，叶柄长 5～10 毫米，被短柔毛。伞形花序腋生，通常 2 个花序着生于叶芽两侧；总梗长约 2 毫米；总苞片 8，宿存，内有花 5～8 朵。雄花花被筒被柔毛，花被片 6，黄绿色，椭圆形，先端圆，内面被白色柔毛，外轮长约 2.7 毫米，内轮长约 2.2 毫米；能育雄蕊 9，等长，长约 2.2 毫米，花丝无毛，第三轮有 2 个具长柄及具角突宽肾形腺体，着生于花丝基部以上；退化雄蕊细小，长不及 1 毫米，子房长椭圆形，花柱及柱头成一小凸尖；花梗长 2～2.5 毫米，密被白色柔毛。雌花花被筒密被白柔毛，花被片椭圆形，内面被白色柔毛，外轮、内轮长度同雄花，退化雄蕊条形，无毛，第三轮长约 1.5 毫米，中、下部着生 2 个长圆形腺体，有时第二轮也有 1～2 个腺体；雌蕊长约 2 毫米，子房卵形，长约 1 毫米，花柱长 0.8 毫米，柱头盘状；花梗长 2～2.5 毫米，有毛。果近球形，直径 1 厘米；果梗长 1～1.5 厘米，熟后弯曲，果托直径约 3 毫米。花期 3～4 月，果期 8～9 月。

【生境分布】 产于湖北通城、罗田、崇阳等地，生于海拔 800～1200 米的山沟边杂木林中。

【含油量及理化性质】 种子含油量达 53%，脂肪酸组成主要是亚麻酸 36.61%、油酸 21.42%、亚油酸 29.55%、棕榈酸 7.53%、硬脂酸 2.32%，其他微量。

【利用情况】 叶及果皮可提取芳香油。

【繁殖与栽培技术】 种子繁殖。播种育苗：9 月采种，用草木灰水浸泡，搓洗去除果皮和油脂，洗净晾干后层积沙藏，上覆一层沙子，并盖稻草或秸秆，翌年 3 月播种。

【分析与评价】 叶可提取芳香油。种子含油量高，其是一种极具开发潜力的生物柴油植物。

野黄桂
Cinnamomum jensenianum Handel-Mazzetti

【形态特征】 常绿乔木；树皮灰褐色，有桂皮香味。枝条曲折，二年生枝褐色，密布皮孔，一年生枝具棱角，当年生枝与总梗及花梗干时变黑而无毛。芽纺锤形，芽鳞硬壳质，长6毫米，先端锐尖，外面被极短的绢状毛。叶常近对生，披针形或长圆状披针形，长5～10（20）厘米，宽1.5～3（6）厘米，先端尾状渐尖，基部宽楔形至近圆形，厚革质，上面绿色，光亮，无毛，下面幼时被粉状微柔毛但老时常无毛，晦暗，被蜡粉，但鲜时边缘增厚，与中脉和侧脉一样带黄色，离基三出脉，中脉与侧脉两面凸起，最基部一对侧脉自叶基2～18毫米处伸出，至叶片上部1/3向叶缘接近且几贯入叶端，极稀有分出基生的近叶缘的小支脉，横脉多数，弧曲状，上面纤细，下面几不凸起，或两面不明显。花序伞房状，具2～5朵花，通常长3～4厘米，常远离，或在几不伸长的当年生枝条基部有成对的花或单花，总梗通常长1.5～2.5厘米，纤细，近无毛；苞片及小苞片长约2毫米，早落。花黄色或白色，长约4（8）毫米；花梗长5～10（20）毫米，直伸，向上渐增大。花被外面无毛，内面被丝毛，边缘具乳突小纤毛，花被筒极短，长1.5（2）毫米，花被裂片6，倒卵圆形，近等大，长2.5（6）毫米，宽1.75（2～2.2）毫米，先端锐尖。能育雄蕊9，第一、二轮雄蕊花丝宽而扁平，最基部被疏柔毛，无腺体，稍长于花药，花药卵圆状长圆形，无毛，第三轮雄蕊花丝细长，被疏柔毛，近中部有一对盘状腺体，花药长圆形，宽约为第一、二轮者之半，略被柔毛。退化雄蕊3，位于最内轮，三角形，长约1.75毫米，具柄，柄被柔毛。子房卵珠形，花柱长度约为子房的一倍，无毛，柱头盘状，具不规则圆裂。果卵球形，长达1（1.2）厘米，直径达6（7）毫米，先端具小突尖，无毛；果托倒卵形，长达6毫米，宽8毫米，具齿裂，齿的顶端截平。花期4～6月，果期7～10月。

【生境分布】 产于鄂西南，武汉有栽培。生于海拔500～1600米的山谷、山坡常绿阔叶林或竹林中。

【含油量及理化性质】 种子含油量为32%～42.99%，脂肪酸组成主要是亚麻酸28.27%、油酸26.89%、亚油酸10.33%、棕榈酸16.82%、硬脂酸7.07%，其他微量。

【利用情况】 树皮在湖南黔阳用作桂皮入药，亦有作为香料使用的。

【繁殖与栽培技术】 种子繁殖。播种育苗：9～10月采种，随采随播或及时层积至春播。层积处理前，先用草木灰水浸泡种子，搓洗去除果皮和油脂，洗净晾干后层积沙藏，上覆一层沙子，并盖稻草或秸秆，至翌年3月播种。野黄桂种子休眠能被流水浸泡及低温层积打破，若种子在3～5℃层积2～3个月，发芽率可达85%～89%；种子在15～30℃都可发芽，但最适发芽温度为20℃；当年生实生幼苗夏季应遮阴，冬季应防冻。

【分析与评价】 野黄桂为常绿乔木，既是重要的药用和香料植物，也是园林绿化观赏树种。其为野生，现已在中国科学院武汉植物园引种驯化成功，它对气候和土壤的适应性较强，可塑性较大，可以推广栽培，其种子含油量高，是一种极具开发潜力的生物柴油植物。树皮甘而辣，芳香，湖南黔阳一带用树皮作桂皮入药，功效同桂皮，亦有将树皮放入酒内作为香料使用的。

拉丁名索引

参 考 文 献

[1] 龙春林，宋洪川 . 中国柴油植物 [M]. 北京：科学出版社，2012.

[2] 中国科学院植物研究所植物化学研究室油脂组 . 中国油脂植物手册 [M]. 北京：科学出版社，1973.

[3] 贾良智，周俊 . 中国油脂植物 [M]. 北京：科学出版社，1987.

[4] 宁阳阳，邢福武 . 中国樟科非粮生物柴油能源植物资源的初步评价与筛选 [J]. 植物科学学报，2014，32（3）：279-288.

[5] 林铎清，邢福武 . 中国非粮生物柴油能源植物资源的初步评价 [J]. 中国油脂，2009，34（11）:1-7.

[6] 中国科学院中国植物志编辑委员会 . 中国植物志 [M]. 北京：科学出版社，2004.

[7] 郑重 . 湖北植物大全 [M]. 武汉：武汉大学出版社，1993.

[8] 王智 . 云南主要木本生物柴油原料植物的综合评价 [J]. 植物分类与资源学报，2013，35（5）：630-640.